U0169270

耐药菌小史

Biography of Resistance

The Epic Battle Between People and Pathogens

[巴基斯坦] 穆罕默德·H. 扎曼 / 著　金烨 / 译　胡永飞 / 审校

中信出版集团 | 北京

图书在版编目（CIP）数据

耐药菌小史/（巴基斯坦）穆罕默德·H. 扎曼著；金烨译. --北京：中信出版社，2021.5

书名原文：Biography of Resistance: The Epic Battle Between People and Pathogens

ISBN 978-7-5217-3016-6

I.①耐⋯ II.①穆⋯ ②金⋯ III.①抗药性－细菌－微生物学史－世界 IV.①Q939.101

中国版本图书馆CIP数据核字（2021）第055373号

耐药菌小史

著　　者：[巴基斯坦]穆罕默德·H. 扎曼

译　　者：金烨

出版发行：中信出版集团股份有限公司

　　　　　（北京市朝阳区惠新东街甲4号富盛大厦2座　邮编　100029）

承　印　者：三河市中晟雅豪印务有限公司

开　　本：880mm×1230mm　1/32　　印　　张：8.75　　字　　数：180千字

版　　次：2021年5月第1版　　　　印　　次：2021年5月第1次印刷

京权图字：01-2020-4113

书　　号：ISBN 978-7-5217-3016-6

定　　价：56.00元

献 给 安 米 与 阿 布

目 录

瓦肖县地处美国内华达州西部边缘地区，其北面是俄勒冈州，西面是加利福尼亚州。此地拥有风景如画的湖泊和令人叹为观止的沙漠，不过它并不经常出现在新闻报道中。然而，2017年1月13日，一篇由瓦肖县公共卫生官员撰写的简报文章发表在美国疾病预防与控制中心的《死亡率和发病率周报》上，[1] 随后在全世界掀起了惊涛骇浪。此前从未有美国县级公共卫生局写过这类报告，这是第一份陈述所有可用的抗菌药物统统失效的报告。

该报告的内容涉及瓦肖县一位70多岁的居民，大约5个月前她在里诺的一家医院住院治疗，有发炎和感染的迹象。近期，她刚结束一场前往印度的长途旅行，在那里她摔了一跤，跌断了股骨——这是人体内最大的一根骨头。[2] 她曾在当地的医院接受治疗，情况有了改善，但后来她的股骨和髋关节都出现了感染。她曾辗转于几家印度医院，医生尽力救治她。

2016年8月，里诺的医生给这位患者做了检查，将她的血液和尿液样本送去实验室。检测结果表明，引发感染的细菌对几种重要的抗生素产生了耐药性。这种问题细菌就是CRE——耐碳青霉烯类肠杆菌科细菌。[3]肠杆菌科是一个庞大的细菌家族，其中的许多成员无害地生活在人类肠道内，但是还有其他众所周知的难对付的成员，因为它们对强效抗生素有着耐药性。该病例涉及的是属于肠杆菌科的细菌——肺炎克雷伯菌，这种细菌会引起肺炎或者脓毒症，也是尿路感染的主要致病原因，[4]还可能危及性命。

里诺的医生觉得这一点非常不正常，他们从未在病房中见过CRE感染的病例。医护人员担心如此严重的感染可能极易传染给其他患者，于是将患者转移到急症护理病房。看护病人的护士和医生采取了最严格的感染控制措施，每次与她接触时都戴好手套、口罩，穿上防护服。

抗生素耐药性是传染病医生在工作中经常遇到的问题。如果一种药没有效果，他们就尝试其他药物，有时候甚至联合使用几种药物来对付特别难处理的细菌感染。医生知道最常用的抗生素无法救助她以后，就继而尝试其他可能见效的药物。

在美国和其他发达国家，大部分时间医生总能找到有效的药物。治疗会给病人带来沉重的负担，恢复期也很长，但不是每一位CRE感染患者都会死亡。[5]许多人彻底痊愈，是因为医生最终找到了见效的药物，或者联合使用了好几种药物消灭感染，拯救病人的生命。里诺的医生就像通常情况下那样寄希望于找到某些可能奏效的药物，他们一直在尝试，努力找出可以拯救这位患者的抗生素。但这次情况有所不同了，一种又一种抗生素接连失败，一种又一种联合用药法也接连失败，似乎没有任何有疗效的药物。感染蔓延至她的血管和各个器官。他们用尽了当时美国所有可用的抗生素，总共26种，但感染越来越凶猛。在入住里诺医院的两周之后，该患者死于感染性休克。

　　与此同时，在世界另一边的医生也遇到了前所未有的挑战。卡拉奇是我的祖国巴基斯坦的第一大城市，和瓦肖县大不相同。卡拉奇是一座港口城市，拥有近1 500万人口，不断向外扩展，也是世界上人口最密集的城市之一。

　　2016年秋季，卡拉奇市内和周边地区暴发了一场伤寒，事实证明要控制疫情异常困难。[6]这场伤寒的致病菌对大多数一线药物具有耐药性。这种疾病由内华达州医生遭遇的肠杆菌科家族的另一成员——伤寒杆菌引起。疫情始于2016年，持续了将近4年，感染了上千人——不仅仅是巴基斯坦人，还有来巴基斯坦旅行的各国游客。

　　对卡拉奇市民来说，这场耐药菌感染的暴发前所未闻。伤寒在巴基斯坦并不罕见，但是许多曾经有效的抗生素正在被证实不再具有疗效。最终，只剩下两类抗生素：碳青霉烯类抗生素和阿奇霉素。[7]碳青霉烯类药物价格昂贵，必须静脉注射，而且要求患者住院治疗，这是许多生活在卡拉奇的巴基斯坦人无法负担的。对他们来说，他们的生命寄托于另一个选项——阿奇霉素的疗效。医生和公共卫生专家担心，终有一日后一选项也会不再有效。

　　他们的担忧不无道理。细菌变异的速度飞快，也能够从自己家族其他成员那里获得耐药性。要是下一次暴发的疫病对阿奇霉素也产生了耐药性，该怎么办？万一疫情不是仅在卡拉奇这类大城市传播，而是在整个巴基斯坦肆虐或者全球蔓延，会发生什么呢？

　　这场巴基斯坦伤寒的暴发被归类为XDR（广泛耐药性），是最严重的情况。因为担心疫情的威胁，美国疾病控制与预防中心发布信息，告诫去巴基斯坦旅行的人注意。然而，疫情暴发期间，至少有6个刚去过巴基斯坦且已返回美国的人被确诊为XDR伤寒。[8]加拿大和英国也出现了XDR伤寒患者，他们都去过巴基斯坦。加拿大和美国当时拥有的药物被证实具有疗效，所有的患者都活了下来，但是许多巴基斯坦人未能幸免。

不同年龄段、地域和经济状况的患者都被这张无法治疗的传染病之网联系起来。这不仅仅是资源或者贫穷的问题，因为一部分世界上最先进的卫生保健系统在奋力与耐药性感染斗争。仅美国一地，每年平均有超过3.5万人因多重耐药性感染而丧命，[9]其中一些人还是在享有盛名的医院接受治疗的。全世界范围内，死于耐药性感染的人数超过了死于乳腺癌、艾滋病或者糖尿病并发症的人。在美国，癌症和艾滋病患者死亡率下降的同时，世界上许多其他地区的耐药性致死人数在持续地快速增长。

抗生素耐药性跨越各个大洲、国家和文化，对我们所有人构成了威胁。詹姆斯·约翰逊是美国著名的传染病专家和抗生素耐药性专家，曾有记者问他：我们距离跌落山崖——掉入抗生素不再奏效的世界，还有多远？他的回答相当简单："我们已经掉下山崖了。"[10]

在此之前，早已出现类似的警告和声明。然而，无论如何，科学家使用战争时期与和平时期的发现，借助天才头脑和机缘巧合，在追求利益并展示同情心的同时，已经成功延缓了世界末日的彻底到来。但是，这次会不会不一样？面对人类与病原体的战斗，我们的好运是否已经用光了？我们还剩下多少时间？

第1章

我们的敌人是谁？

细菌的存在时间远超人类历史，大约有35亿年之久；它们的数量也比我们多，数不胜数。地球上细菌的数量比宇宙中星星的总数还要多，仅在人体内就有约40万亿。[1] 细菌生活的环境对其他生命形式来说太过恶劣：有一些细菌生活在（美国）黄石国家公园的地热喷泉内，能够忍受将近沸点的高温；还有些细菌则在北冰洋冰层下半英里（约地下800米）处蓬勃生长。

细菌刚出现时的地球和现在看上去完全不同，因此细菌演化出令人印象深刻的能力，使得自己能够克服困难并生存下去。考虑一下以下事实：细菌最初出现的时候，正是我们的星球上几乎没有氧气的时候。[2] 当一些细菌开始释放氧气时，新的细菌演化出来，它们能够更加有效地使用氧气获得优势。[3]

它们对优势的追求（无论是留宿主一命，还是杀死宿主）从不间断，也不可避免，甚至是达尔文式的追求。面对永无止境的生存和繁殖竞争，随着时间推移，细菌演化出一套高度复杂、多层级的防御机制，与外界的威胁和侵略者斗争。这种防御机制对我们有利，因为对我们有益的细菌会产生化学物质，帮助我们的免疫系统与感染对抗。这种机制不仅存在于肠道内，还在肺部以及大脑中运行。[4]生活在我们肠道内的上百万个细菌确保我们的消化功能正常，协助从食物中摄取营养物质。但是，"侵略者"也包括抗生素（抗生素的英文"antibiotics"来源于两个单词，意思很简单，就是"抵抗微生物"[5]），我们设计出抗生素，靶向杀死微小但强大的生命形式——抗生素能够非常容易地伤害它们所定植的任何有机体。

我们可以将抗生素看作一种高度特异性武器，它靶向你身体内的致病菌，而不是其他细胞。抗生素是天然产生的，同时科学家也已进一步改良了这些"精密武器"，改良过程秉持着两大目标：一是杀死有害细菌，二是阻止它们自我复制。[6]实现其中任何一个目标，已经被有害细菌感染、罹患致命疾病的患者都会有更好的存活机会。

现在想想不断演化的细菌防御机制，它威胁着当今疗效最好的抗生素的使用前景。[7]细菌最外层有一套防御系统——细胞壁，其功能好比重重戒备的城堡的城墙。在它后面有另一层墙壁，被称为内膜。就像对着城堡严阵以待的军队那样，意图杀死细菌的抗生素可以试图在防御性细胞壁和内膜上开洞，展开大规模的正面攻击。有些抗生素可以阻止细菌建造完整的细胞壁。如果它无法破坏"墙壁"，或者无法阻止细菌建造细胞壁，抗生素就会选择趁细菌不注意，潜行进入细菌内部深处。它们利用细菌的天然孔隙和开口进入，或者通过脂质包膜扩散到细菌内部。一旦打入细菌内部，抗生素就只有一个主要目标：攻击细菌的命令和控制中心，即称作拟核的复杂且形状不规则区域。这一神经中心是细菌的"软肋"。细菌进行复制和存储信息的机器，也就是它的DNA（脱氧核糖核酸），就在拟核区内。抗生素的准星正对这一区域。

在数百万年的时间内,细菌系统不断演化,以抵御试图破坏其细胞壁的抗生素。细菌通过遗传突变实现演化,其中一些突变是随机的,另一些则通过其他外来细菌获得。这些突变由亲代细菌传给它们的后代,赋予后代细菌抵御抗生素进攻的能力。

由突变提供的第一道防线强大得令人敬畏。任何对细菌构成威胁的抗生素都需要穿透这两层障碍——细胞壁和细胞膜。让我们以对万古霉素有耐药性的细菌为例,万古霉素是抗生素的"最后一道防线",这种抗生素被用来治疗致命感染,比如耐甲氧西林金黄色葡萄球菌(MRSA),这是医院中最严重、最可怕的耐药性感染之一。[8] 万古霉素耐药菌可以造出在结构上与这种药物能够识别的结构完全不同的细胞壁。结果会如何?万古霉素撞上这面无法识别的新墙壁,反弹回去,从而无法完成它的工作。

细菌的细胞能够收缩边界,降低细胞壁的渗透性。如此一来,就可以阻止特定抗生素进入神经中心,或者严格限制其进入的数量。如果只有一小部分抗生素成功进入,抗生素杀死细菌或者阻止细菌复制的可能性就会小得多。

有效突破首道防线的抗生素,会面对第二道防线。细菌拥有最复杂的扫荡和驱逐威胁机制之一。该机制要用到被科学家称作"主动外排泵"的结构。[9] 这类外排泵的工作原理类似反向的真空吸尘器。这些微小的泵位于细胞膜上,它们把抗生素泵出细胞。在某些情况下,细菌DNA的特异突变能够产生许多这类扫荡抗生素的外排泵。

但是,外排泵并不是细菌的最后一道防线。如果抗生素逃过了外排泵,细菌还有类似大型切割刀一样的酶,可以将抗生素分子割断,让它变得对细菌不再具有危害性。抗生素只有在自身完整的情况下才能发挥效果。最有名的"切割刀"是β–内酰胺酶。[10] 这种酶会攻击并切割β–内酰胺类抗生素，而这类抗生素是最大、最广泛使用的抗生素家族之一。青霉素及其衍生化合物都属于这一家族，如果它们被切割成碎片，就失去了疗效。

细菌防御机制还有另外一个策略：让抗生素携带额外货物，从而让它失效。细菌将化学基团添加到抗生素分子中，让抗生素分子变得巨大无比，难以通过前进路途中的缝隙和窟窿抵达其目的地——拟核区域。抗生素分子需要保持一定的大小、形状和形态，才能击中靶标。请把它想象成微型导弹，在爆炸之前，它需要登陆堡垒深处，进入毫无守卫之地。如果增加导弹的尺寸，它就无法击中目标，也就失效了。这正是一些细菌采用的策略。

同时，细菌还有其他更加惊人的防御策略：一些抗生素耐药菌能够改变靶标的结构或者形状。进入细菌内部的抗生素往往致力于寻找特定的形状和尺寸，它们无法识别出改变后的靶标，因此也无法完成任务。

细菌享受着一种不太明显的好处。在没有实验室、没有跨国合作、没有基金赞助，也没有几代科学家幸运地推动前代科学家的研究进展和思路的情况下，细菌管理着自身所有的演化机制，发展出更有利的防御和复原能力。它们喜欢简单得多的决策链。简言之，细菌的功能就是吸收营养并复制自身，这取决于指令链。细菌DNA位于拟核内，也就是细菌内部形状不规则的区域。[11] DNA拥有展开基础进程的所有必要信息，从复制到代谢一应俱全。更重要的是，这种DNA还拥有在细胞内创造蛋白质的信息。蛋白质由氨基酸分子构成，是埋头执行细胞功能的主要劳动力。蛋白质发挥着重要的功能，比如在细胞内运输营养物质，合成重要分子。

一些抗生素靶向这条从DNA发送给蛋白质的指令链，目的是破坏这一自然过程，从而导致细菌的细胞死亡。为了避开这种攻击，一些细菌已经创造出另外一条指令链，也就是说，它们创造出替代性蛋白质，来执行生存和复制所需的必要功能。抗生素最终靶向的是原始蛋白质，而不是新蛋白质，就这样让细菌逃过一劫。（MRSA就是具有这种特征的细菌，它们遭到抗生素甲氧西林的攻击时，就用一条新的通路让自己存活下来。）

细菌的多层防御机制是自然界最古老的创造之一，一直在演化，并让人感到意外。在与人类共同演化发展的历史长河中，每一个节点它们都领先我们一步，这给人类带来了灾难性后果。以目前的速度发展下去，当我们的抗生素不再奏效时，后果会越发严峻。一旦发生，像剖宫产或者门诊外科手术这样的常规操作可能会导致无法医治的感染。[12] 像1918年大流感那样的疫情可能会再次袭来。

第2章

5 000万人的死亡

在1918年9月，马萨诸塞州的副州长卡尔文·柯立芝签署了一项可怕的宣言，而这位副州长在5年之后将会成为美国总统。根据由马萨诸塞州政府、美国公共卫生局局长、卫生要员和美国红十字会部门负责人组成的领导团队讨论的结果，该宣言阐述了西班牙型流行性感冒①的恐怖现状，这场大流感每天会夺走近百名波士顿人的生命。¹马萨诸塞州拥有第一次世界大战中在欧洲援助美国军队的最优秀的医疗人员，该文件要求州内每一位接受过任何医学培训的健康人士都要为抗击疫情提供服务。所有学校、公园、剧院、音乐厅、电影院和旅馆都无限期关闭，甚至向上帝祷告也被禁止——教堂要么关闭整整10天，要么关到疫情得到控制为止。

在不到一个月的时间内，将近3 500名波士顿人受到感染。与全球5 000万死于流感的人相比，他们只代表了其中的一小部分。这场大流感

① 西班牙型流行性感冒，这一名字的由来并不是因为此流感从西班牙暴发，而是因为当时西班牙有约8万人感染此病，甚至西班牙国王也感染了此病。

持续了一年，最终感染了5亿人。在印度，有将近1 800万人死亡，有人观察到神圣的恒河上漂满了尸体。[2] 在伊朗古城马什哈德，每五人中就有一人丧生。[3] 在太平洋另一边的萨摩亚，死亡率接近25%。[4]

虽然全世界记住了西班牙型流行性感冒这名杀手，但实际上大部分人并不是死于病毒性疾病，而是死于肺炎并发症，也就是一种细菌感染。[5] 流感病毒会削弱免疫系统，为肺炎致病菌进入体内并肆虐提供机会。在缺少能够杀死细菌的抗生素的情况下，患肺炎无异于被判了死刑。

对肺炎症状的着迷至少可以追溯到1 000年之前，古希腊生理学家希波克拉底对这一病症相当感兴趣。对这一病症的最佳描述之一来自迈蒙尼提斯，他是12世纪西班牙塞法迪犹太学者、著名的哲学家、高明的医师，出生在西班牙安达卢西亚地区。[6] 鉴于他和他的家庭与地中海犹太人在政治、宗教和权力方面存在着不可分割的联系，他的突出才能更加引人瞩目。这不会是最后一次科学或者其他方面的进步受制于心血来潮的其他野心。迈蒙尼提斯在流放和迫害中幸存下来，对于疾病对人体的攻击，他做了精准描述，流传至今："肺炎有以下基本症状，而且这些症状从来不会缺席：急性发热，侧面有（胸膜炎导致的）粘连疼痛，呼吸短促，锯齿波和咳嗽，大部分情况下（伴有）多痰。"[7] 迈蒙尼提斯关于肺炎的论述一直被医学专家奉为金科玉律，直到19世纪现代工具出现，尤其是显微镜出现。

1665年1月，伦敦皇家学会出版了一本书，成为当时的畅销书。该学会刚刚于5年前接受英国国王查理二世签发的皇家特许证而成立，它随即凭借其第一本重要的出版物创立了一种新体裁：科普类文献。[8] 这本书的书名为《显微图谱》(*Micrographia*)，而它的副标题更吸引人，即"对通过放大镜观察到的微小实体的一些生理学描述"。此书的作者就是当时 30 岁的博学家罗伯特·胡克，他脾气火爆但才华横溢，当时的卖点就是书内收集了大量植物和昆虫栩栩如生的插画。它还强调了胡克用来观察大自然的工具，人们之前从未见过这些观察方式，而显微镜就是当时这些新鲜工具中最具创新性的一个。（此书还有另外一个"首次"，即胡克发明了"细胞"这个专业术语来描述他看到的基本微观结构。）

这本书很快在整个欧洲传播开来，科学家、自然爱好者及商人几乎人手一册。1671 年，在荷兰代尔夫特繁荣的布料市场上，一位名叫安东尼·范·列文虎克的年轻商人痴迷于胡克书中的插图。从小到大，列文虎克一直都是一个充满好奇心的男孩儿，他熟悉玻璃吹制和镜片制作技术。受到此书启发，他决定制造自己的显微镜，一种比胡克描述的更简单的显微镜。

列文虎克没有像胡克那样使用两片透镜，而是烧热了最好的威尼斯玻璃，把它拉成细丝状，再烧热细丝。他制成的小玻璃球直径只有 1/10 英寸（约 0.25 厘米），这简直就是工程学奇迹。年轻的列文虎克制造了上百个这样的透镜，但他一直保密自己的精确技艺，直到今日这仍是谜团。更重要的是，通过这些小球观察到的图像的分辨率要远优于胡克之前的装置。[9]

列文虎克没有胡克的影响力，后者是皇家学会会员、牛津大学校友。但是，列文虎克继续展开实验，手里拿到什么就观察什么。他检验了自己皮肤的厚度，研究了公牛的舌头，观察了面包上长出的霉菌，还检查了虱子和蜜蜂体表的复杂结构。但是，列文虎克最大的发现是在 1676 年取得的。[10]

在列文虎克的书架上，有一瓶泡着胡椒的水，在那里放了三个星期之后，水变得混浊不堪。列文虎克从水瓶中取了几滴水样，放在了自己的显微镜下。然后，他单独检查了每一滴水。他发现的东西既奇怪又迷人："在一滴水中，我看到了大量鲜活的生物，数量不少于8 000~10 000，通过显微镜看到它们，很像用肉眼看沙子。"[11]

列文虎克将这些生物称作"微动物"，意思就是微小动物。在一份发送给皇家学会的报告中，他用文字做了描述，也绘制了草图。列文虎克和皇家学会会员保持通信联系，其中也包括胡克。皇家学会觉得列文虎克的说法颇为荒谬可笑。而另一方面，列文虎克发现到处都能看到这些微动物，包括自己的舌头和牙齿上。尽管皇家学会觉得滑稽，他仍然坚持自己的发现。终于，皇家学会派出一支由教会长老和德高望重的人士组成的团队去验证列文虎克的说法。列文虎克用自己的显微镜，向他们展示了自己发现的微动物。毫无疑问，列文虎克是正确的。1677年，皇家学会发表了列文虎克的发现。一个与微生物共存的新世界就此被发现了。[12]

列文虎克看到的单细胞生物体中就有细菌。这些他没有在书中命名的微小生物将颠覆现代科学和医学，而他对此几乎一无所知。整整一代科学家沉迷于显微镜以及它如何帮助我们理解生命，他们在欧洲各地声名显赫的实验室内展开研究。植物学家和动物学家对肉眼见到的世界之外的生命兴趣浓厚。新的技术能使人们看到鲜活的组织，以及里面的结构，用显微镜观察微生物正快速成为外科手术医生和病理学家的常规操作。在这些早期使用显微镜研究疾病的人中，有一位名叫埃德温·克雷伯的年轻人。[13]

　　埃德温·克雷伯性格焦躁，高度敏感，又常常争强好斗，是当时科学家中的异类。他出生于19世纪中叶，在那个时代科学是严肃的专业，正从一种爱好或是令人沉溺之事逐渐成熟起来。那些从事这一专业的人被称作科学家，而不仅仅是自然哲学家。大多数那个时代最著名的科学家在西欧的实验室工作，而出生于普鲁士的克雷伯不仅在瑞士、德国和捷克共和国工作过，还去过美国北卡罗来纳州的阿什维尔和芝加哥的拉什医学院。

　　那是在1875年，当时克雷伯正在布拉格工作，他报告说看到了死于肺炎的患者的呼吸道和肺中的细菌。事实上，这是一个启发性的发现，但当时反复无常的克雷伯并没有太过在意。此时细菌理论仍然处在萌芽阶段，而且备受争议（该理论的观点是疾病由微生物和细菌导致，而不是风或者水），于是克雷伯转而去了新的实验室研究其他问题。就在他本人没有深入推进自己的细菌研究，而是将兴趣转向新方向的同时，两位分别在大西洋两岸工作的科学家拾起了克雷伯留下的肺炎研究。

　　1881年，美国陆军准将乔治·斯滕伯格[14]和法国巴黎的路易·巴斯德展开了几乎一模一样的实验。斯滕伯格曾是军队的外科医生，也是业余的古生物学家。他事业的焦点在与美国原住民战斗和细菌研究之间来回转移。1881年，在经历了一场与黄热病的较量之后，他开始调查蚊媒传染病（特别是疟疾）的病因。正是在新奥尔良进行的研究过程中，他开展了一系列实验，其中包括将自己的唾液注射到兔子体内。这些兔子表现出类似于肺炎的症状，在几天内就死亡了。斯滕伯格尝试进行了同样的实验，将水、葡萄酒以及其他同事的唾液注射到兔子体内。这些物质都没有让兔子表现出像患肺炎一样的症状。在对兔子进行尸检分析时，斯滕伯格在兔子血液中看到了细菌。[15] 这一发现纯属偶然，因为斯滕伯格属于少数口腔携带肺炎致病菌却没有发病的幸运儿。

在大西洋的另一边，巴斯德正在开展几乎相同的实验，唯一的差别是他所用的感染源不是他自己的唾液，而是一名近期死于狂犬病的儿童的唾液。巴斯德在兔子血液内看到了同一类型的细菌，这种细菌呈长椭圆形，一头是尖的。[16] 巴斯德比斯滕伯格更快地发表了自己的研究结果。他把这种细菌称作"唾液败血症菌"，而斯滕伯格获悉巴斯德早已发表他的发现之后，把自己发现的细菌称作巴斯德菌（这也是因为斯滕伯格坚守当时的准则）。

然而，这两位先生发现的细菌是否是导致肺炎症状出现的致病菌，尚没有定论。这个任务落到了另外一对科学家的身上，他们都来自德国。

卡尔·弗里德兰德对肺炎开始感兴趣的时候，还很年轻。巴斯德和斯滕伯格把实验对象的血液放到显微镜下检查，而与他们不同的是，弗里德兰德在显微镜下检查了实验对象的肺部切片。他报告说看到了一种与众不同的细菌。[17] 这些细菌形状像胶囊，有一层壳包裹着它们。他宣称，这些细菌就是肺炎的致病菌。他的言论很大胆，一下子就引发了争议和挑战。而弗里德兰德自己的实验结果和他的结论还差得很远。一方面，当他用这种壳包裹的细菌去感染兔子的时候，它们并没有患上肺炎；另一方面，小鼠对这种细菌高度易感，并且立刻患上了肺炎。豚鼠则介于两者之间，11只接受弗里德兰德感染的豚鼠中有6只死于肺炎。由于实验结果如此矛盾，他的发现遭受了质疑。[18]

另一位医师阿尔伯特·弗朗科尔在德国黑森林的肺结核病疗养院工作，他对这个问题也相当感兴趣。弗朗科尔展开的动物研究让他得出了不同于弗里德兰德的结论。弗朗科尔从一名最近死于肺炎的30岁患者的肺部分离出细菌，当他用这些细菌感染兔子时，兔子接连在实验室中死去。而豚鼠身上的实验再一次给出了混合结果。[19]

另一个结果的意义更加深远。当弗朗科尔在显微镜下观察样本的时候，他发现细菌的形状和弗里德兰德报告的不太一样。所以，尽管当时人们越来越广泛地接受是细菌导致肺炎这一事实，但至于哪种细菌是真正的致病菌——弗里德兰德发现的还是弗朗科尔发现的，意见分歧相当尖锐。

随着争论的持续，弗朗科尔变得越来越有攻击性，对弗里德兰德的敌意也越来越强烈，甚至搞了不少针对他的人身攻击。弗朗科尔的言语刻薄的程度让弗里德兰德不得不用那个年代的礼貌用语回复："请不要再提起弗朗科尔在他的工作中的不同地方直接针对我展开的人身攻击和指责，我不认为这些言语是恰当的。"[20]然而，弗朗科尔并没有改变自己的刻薄口吻。

解决上述结果之间的矛盾这项任务，还是落到了另外一位科学家身上，他正好研究生毕业，是弗里德兰德的门生。他的名字叫作汉斯·克里斯蒂安·革兰，是一位来自哥本哈根的医师。他讲着一口带有丹麦口音的德语，赢得了导师的信任。弗里德兰德称革兰为"我尊敬的朋友和合作伙伴"。[21]现在，轮到革兰来确定哪一位科学家找到了肺炎致病菌。

在实验室中，革兰整日制备显微切片。他使用不同的染色方法，让组织的某些部分能够更显眼，更容易在显微镜下观察到。这项工作耗时又耗力，传统的样本染色方法往往在组织的不同部位留下了难以分辨的相同颜色，这让革兰感到很困扰。在显微镜下观察这些样本的时候，就很难看清到底有没有细菌。于是，革兰决定改进染色过程，进而改变结果。他了解过细菌学领头人物罗伯特·科赫的研究，还有科赫门生——多产科学家保罗·埃尔利希的研究。头脑中装备了德国其他实验室关于染料和生物染色的最前沿发现之后，革兰开始了自己的研究。

革兰从采用埃尔利希研发的组织染色方法开始，最初的尝试都以失败告终。对于革兰在弗里德兰德实验室中进行的肺炎研究而言，埃尔利希的方法，也就是用被称为苯胺龙胆紫的特殊染料给细胞染色的方法并不成功。出于纯粹的巧合以及一些试错经验，革兰最终将自己的组织样本在埃尔利希的染料中浸泡3分钟，然后浸入另一种混合染料中3分钟——后一种染料的配方是一份碘、两份碘化钾和300份蒸馏水。这种方法使样本全部染上了颜色。

但是，革兰的研究还没有结束。接下来，他又将样本浸入纯酒精中30秒。他看到的结果令他相当意外，细菌的颜色被保留下来，而其他地方没有颜色了。现在，细菌呈现深紫色，在显微镜下很容易被看到。如果革兰进一步扩大组织中有色和无色部分的差异，那会怎么样？这样就不会出现混淆的情况了。出乎他的意料，一种被称为俾斯麦棕的染料效果显著，给整个组织上了色——细菌部分除外。

弗里德兰德对此印象深刻。他在自己的《显微镜在临床和病理学检验中的使用》一书中写到了革兰的方法，还提到了细菌细胞："一切都保持完美无瑕的无色状态，而它们（这些细菌）则恰恰相反，被染上了深蓝色，这样一来切片中的每一个个体几乎能立刻吸引观察者的注意力。"[22] 凭借着对他人研究工作的了解，再加上一些运气和坚持，革兰对埃尔利希的方法做出了实质性的改良，现在人们能够清楚地看到组织样本中的细菌了。这还表明，他能够解决弗朗科尔和弗里德兰德之间的争论。

革兰用他的方法检测了患有致命肺炎的患者的组织样本。他发现，弗里德兰德和弗朗科尔确实在样本中看到了两种不同的细菌。[23] 注入革兰研发的染色剂之后，弗朗科尔看到的细菌呈现出蓝得发紫的颜色，而弗里德兰德看到的细菌则没有。革兰的染色剂表明，两位科学家看到的是两种不同类型的细菌，会引起不同类型的肺炎。从某个角度来说，弗里德兰德和弗朗科尔的结论都是正确的，但是更常见的肺炎是由弗朗科尔识别出的细菌引起的。很久之后，其中一种细菌被命名为肺炎克雷伯菌（*Klebsiella pneumoniae*）以纪念埃德温·克雷伯，而另一种细菌则被命名为肺炎链球菌（*Streptococcus pneumoniae*）。肺炎克雷伯菌就是导致2016 年 9 月内华达州那名女患者的感染无法治愈的病原体。

到了 19 世纪末，革兰的方法成为给所有细菌分类的标准。如果细菌呈现深蓝色，那么它们会被归为一类（阳性）；如果不是，就被归为另一类（阴性）。革兰因其成就而声名不朽：染上深蓝色的细菌被称为革兰氏阳性菌，而没有颜色的则是革兰氏阴性菌。

几十年来，关于肺炎的合适疗法的重大问题始终没有得到解决，上百万人在这期间丧命。又过了几十年，到了 20 世纪，科学家才发现了某些细菌会保持深蓝色，而另外一些则不会的真正原因。[24] 但是，革兰的方法让我们找到了给细菌分类的最基本方法，它一直沿用至今日。诸如鼠疫、伤寒以及霍乱这样的疾病由革兰氏阴性菌引发，也就是弗里德兰德见证的那类细菌。而最常见的肺炎，以及链球菌咽喉炎和炭疽，都由能被染成深蓝色的细菌引发，也就是革兰氏阳性菌。如今，任何关于抗生素或者抗生素耐药菌的讨论都从一个简单的分类问题开始：这种细菌是革兰氏阳性菌还是阴性菌？这是在向那位来自哥本哈根的谦逊的科学家表达敬意。

在这之后的几十年内，许多科学家致力于识别、发现、分类并且治疗细菌感染。他们的方法将日益成熟和复杂，有时候他们相互竞争，有时候又协力合作。有时候，他们的目标是治疗那些战场上的伤兵，或者那些在病房内苦苦挣扎的肺结核患者；而有时候，他们的任务则是找到新的重磅炸弹式药物。科学家将会从来自遥远丛林、富含有机物质的样本中，遗世独立部落的居民肠道样本中，以及实验室附近的泥土样本中找到灵感。细菌一直密切关注着人类的努力，而我们发现的一代代新型抗生素也推动着它们进一步适应和演化。

第 3 章

深层秘密

格里·赖特在加拿大安大略省长大，该地区以广袤的野生自然环境和稀少的人口著称。他热爱环绕自己身边的自然美景。具体来讲，赖特痴迷于土壤和埋藏于其中的宝藏。他一路追随着自己的爱好，一直到成为麦克马斯特大学的微生物学教授。

赖特知道土壤是一种丰富的资源。一些20世纪最重大的抗生素——从万古霉素到链霉素，皆来自土壤样本。土壤科学家几十年前（从20世纪30年代早期开始）就知道，土壤中的细菌和其他细菌物种之间存在永恒的战争状态。[1]1 000多年来，细菌一直在制造复杂的抗生素以消灭自己的竞争对手。赖特很好奇，作为许多抗生素的来源，土壤中的细菌是如何存活下来的？如果只有一小群细菌制造这些责任重大的抗菌药物，那么应该只有它们存活下来。其他那些没有能力制造抗生素的细菌物种，又是如何活下来的呢？

·   ·
·

2006年，安大略省赖特实验室的一项研究展示了一些令人相当震惊的成果。[2] 赖特一直在安大略省各处采集土壤样本，以研究不同类型的细菌和它们天然存在的防御机制。他的团队发现，他们实验室附近土壤中的大部分细菌都对大部分一线抗生素有耐药性。这些细菌能存活下来，是因为其他细菌的抗菌武器对它们无效。就像撞上了高不可攀、密不可透的墙壁，抗生素直接被弹了出去。此外，这些耐药性细菌并不致病。它们出于各种意图和目的，只埋头关心自己在土壤中的营生。赖特和他团队的研究还清楚地表明，一些不会制造抗生素的细菌也有一套机制来保护自己，免受它们的同胞（会制造抗生素的细菌）的打击。换言之，那些不制造抗生素的细菌演化出了复杂的抵抗机制。这就好比一个国家拥有强大的军事实力，但没有什么兴趣或者能力去进攻它的邻国。

这篇论文激起了人们对于这一新发现的极大热情，同时也招致严厉的批评。许多科学家质疑赖特及其团队的结论，即细菌自身演化出抵抗机制。细菌拥有耐药性可能是因为过多的人为干预，也许就是因为人类往环境中倾倒了大量抗生素。毕竟，抗生素被广泛用于农业中，这在安大略省尤为突出。通过下水道的抗生素难道不会污染土壤吗？赖特对安大略省的情况了如指掌。他知道当地并没有被污染，而他研究中的细菌是因为其他原因才有了耐药性。没有理由认为他采集土壤样本的那片区域受到了大量抗生素的污染，但问题是他没有证据。

这样的情况一直持续到2008年。赖特在圣迭戈参加一场微生物学会议。他对这场会议记忆犹新。南加州的蓝天万里无云，艳阳高照，还有海滩和滨海区，宽广的太平洋自码头和防洪堤向远方无限延伸。圣迭戈的美景无与伦比，但是这场会议让赖特难以忘怀是出于另一个原因。一位名叫海泽尔·巴尔顿的科学家展示了自己的论文，内容是关于在远离人类活动的古老洞穴内发现的细菌的行为和特性。该论文题为"小题大做：洞穴品种收藏"。[3] 这就是格里·赖特与美国俄亥俄州阿克伦大学巴尔顿教授的认识过程。赖特被她的演讲迷住了，他立刻意识到自己找到了完美的研究搭档，来回答他脑中一直思考的重大问题：土壤中的细菌具有多久耐药性了？

巴尔顿同意与赖特一起合作，研究没有接触过抗生素的细菌是否能自己发展出耐药性。她还知道一个展开实验的绝妙地方。

1984 年，在阵亡将士纪念日①前的周末，正当其他人忙于享用美味烧烤，准备迎接夏季到来的时候，科罗拉多州的工程师戴夫·艾罗尔德正在追逐他的伟大梦想。⁴他希望能发现新的洞穴。艾罗尔德和他的 4 个朋友最近获得批准，进入新墨西哥州瓜达卢佩山脉考察一处洞穴遗址。为了抵达该洞穴，他们从科罗拉多州启程，一路向南行驶。驱车抵达瓜达卢佩山脉后，他们又从通向山区的最近路口徒步进入。他们很疲惫，但也很兴奋。

对洞穴位置的初步调查证明，他们成功的可能性很大。迎接他们的是从洞穴口吹出来的阵阵冷风，艾罗尔德建议从那里开始挖掘。一直到 11 月，他们才从国家公园处获得了必要的许可，以保证挖掘的合法性。这次，正值朋友还有家人享受全套感恩节火鸡大餐之时，艾罗尔德及同事则在瑟瑟寒风中努力挖掘。到了感恩节结束的那个周末，他们已经取得了足够的进展，心里清楚下一个（阵亡将士纪念日那周）周末他们会回来继续挖掘工作。那次勘探进行得很顺利，但是一直到了 1985 年 11

---

① 美国联邦法定节日，每年 5 月的最后一个星期一悼念在各战役中阵亡的美军官兵。——译者注

月，团队当时已经扩大到13人，他们才有预感自己正在接近目标。挖掘处呼啸而出的冷风证明，他们已经非常接近那个深洞了。

1986年春季，团队再一次开始挖掘。在前一次勘探中，向内挖掘的距离大概长30多英尺（约9米），艾罗尔德和两名同事——尼尔·巴克斯特罗姆和里克·布里吉斯，决定继续向前推进。任务变得越发艰巨。巨石挡住了通道，而且崩塌的危险与日俱增，但是三人坚持了下来。随着深入的挖掘，他们发现了穴珠①、看上去像铃铛一样的巨型流石结构、钟乳石和一片地下结晶湖。这一切都让人叹为观止。慢慢地，他们向前挖进，各种洞穴结构逐渐让位于一个巨坑，一个无法看到坑底的坑。

团队估计这个巨坑有150英尺（约45米）深。事实上，这个坑要比他们想象的更大、更深。从1986年5月26日戴夫·艾罗尔德和他的团队发现这个坑的一天算起，探险者们已经绘制了超过136英里（约219千米）长的洞穴通道，让列楚基耶洞穴成为世界上最大的洞穴体系。它至今仍然是世界上最深的石灰岩溶洞，也被证明是细菌宝库。

巴尔顿就是在这里展开了自己的研究，并且在会议上激发了赖特的兴趣。巴尔顿和赖特结合自己的两大兴趣爱好——微生物和洞穴探险[5]，合作了整整三年，共同完成了一个雄心勃勃的、有时甚至危及生命的项目，目的是回答下列问题：在从来没有发现任何人类活动的洞穴深处，是否存在着对抗生素具有耐药性的细菌？这要求巴尔顿走入列楚基耶洞穴的深处，采集生物膜样本，这些样本就是通常附着在岩石表面的多细胞细菌群落。在研究的过程中，她将进入被称作"深层秘密"的洞穴区域。[6]

"深层秘密"距离地球表面1 300英尺（约396米）左右。要抵达此

---

① 穴珠：即洞穴珍珠，也叫洞穴豆石，是地下河溶洞滴水坑中形成的具有同心圆结构的球状碳酸钙沉积物。——编者注

处，需要穿越波谲云诡却又美得令人窒息的地带。巴尔顿身穿洞穴探险的装备，背包里携带着精简到极致的补给品，小心翼翼地从几乎无法进入的洞穴中收集到93种不同的菌株。她将它们带回了地面。巴尔顿和她的同事使用最新工具和现有技术，仔细将它们对照着最常见的抗生素进行筛选，目的是检验这些从未见过任何市场销售的抗生素或者任何人类活动的细菌，是否对药房中能买到和医院中使用的抗生素具有耐药性。正如赖特和巴尔顿发现的，来自列楚基耶洞穴的细菌保守着自己的深层秘密。

尽管巴尔顿收集的细菌来自地球远离人类活动的那部分区域，但这些细菌对一些最强效的抗生素具有耐药性，包括用来治疗MRSA的达托霉素。[7]针对那些质疑赖特最初研究发现的声音，他和巴尔顿现在有了具有说服力的证据：来自与人类文明隔绝了近400万年地区的细菌具有抗生素耐药性。

这项研究还展示了更加独特的发现：细菌携带的耐药性基因以及它们抵御抗生素的机制，和我们在对氯霉素产生耐药性的患者身上所见的情况一模一样，[8]而氯霉素这种药物在全球许多地方被用来治疗伤寒。这个消息彻底颠覆了整个微生物学界。在2012年前，人们一直假设，耐药性的出现更大程度上源于过度、贪婪、漠视和自大的人类活动。普遍的理解是由于抗生素的出现，细菌发展出了特异性遗传突变。这些突变使得细菌创造出全新的防御机制来应对抗生素的进攻。其中一些突变是天然的，即随机出现或者为了应对来自其他细菌抗生素的攻击而出现；而许多突变则是人们过度使用科学家研发并被医药公司制造的抗生素所致。那么，从来没有接触过任何人类活动，存在年代早于人类数百万年的细菌怎么会与医生在医院发现的细菌拥有同样的耐药性模式呢？

巴尔顿和赖特挖掘得更加深入。他们想要百分之百地确定自己的研究成果。他们选择将一种与人类活动隔绝的洞穴细菌和地球表面的其亲缘细菌进行比较，后者接触过各种人类和动物。

他们的研究团队选择了洞穴中一种编号为LC231的类芽孢杆菌属细菌，拿它与来自同一家族的地面细菌，编号为ATCC43898的类芽孢杆菌属细菌Paenibacillus lautus做了对比。让他们意外的是，LC231对大部分临床有效的抗生素都有耐药性。在他们测试的40种抗生素中，细菌对其中的26种有耐药性。[9] 但是，他们还有更多的发现。当团队调查耐药性机制的时候，他们发现LC231表现出的机制中有几种让人很熟悉，在其他细菌中均有记录，但是至少有三种新的耐药性机制是此前从未有过报告的。

· · ·

巴尔顿和赖特研究团队已表明，细菌耐药性机制非常古老，早在有人类活动之前，或者说早在现代医学奇迹之前它已存在。这和人类过度使用或者滥用抗生素几乎没有关系。洞穴中的细菌演化出了自己的防御机制来对抗抗生素的攻击，而这些细菌拥有这种防御机制已达上百万年之久。

这个故事很重要，对于那些一直申辩称人类活动没有影响自然的人来说，这就是潜在的福利。一些产业界人士和医药制造商牢牢抓住这些发现，争辩说如果细菌一直在发展其耐药机制，而且在任何抗生素被制造出来之前已经充分准备好了，那么没有必要停止使用抗生素，比如在农业和食物生产中的使用。就算在全球范围内，用在家畜身上的抗生素剂量是诊所和医院用在患者身上剂量的三倍，又有什么影响呢？显而易见，细菌做的是它们上百万年来一直在做的事，独立于人类行为。他们争论道，耐药性是真实存在的，但是和农业工业化没有关系。

　　赖特相信这种回应是目光短浅之见。[10] 从安大略采集的土壤，到"深层秘密"洞穴区域的发现，赖特多年的研究揭示，一些细菌会自己演化出产生抗生素的能力，然后其他细菌为了竞争共有的资源而演化出保护自己、免受产抗生素细菌攻击的能力。这是一种达到了平衡的竞争，在制造抗生素的细菌和抵抗抗生素的细菌之间，这种竞争已经持续了数千年之久。然而，现在随着全球对抗生素的过度使用，这种平衡在土壤中、水流中、门把手上和床边，当然还有在医院中，被逐渐破坏。耐药菌现在占据了明显的优势，能在没有实质性竞争的情况下蓬勃生长。赖特深信，人类的活动要对破坏这种平衡承担责任。但是，他的研究结果也让我们看到了一线希望。细菌积极制造出来的不仅仅是新的防御机制，还有能够解除耐药菌武装的新型分子。有大量尚未被发现的抗生素分子埋藏在地球宝藏的深处，静待被发现。

第4章

与世隔绝的朋友

对于格里·赖特来说，那是土壤。而对高塔姆·丹塔斯来说，那是亚马孙的亚诺玛米部落。[1] 更准确地说，那是亚诺玛米部落的微生物组（microbiome）。事情的开始是对螺杆菌起源故事的探究，螺杆菌是革兰氏阴性菌属，活跃在大部分人的胃中。

巴西和委内瑞拉之间的国界设定得很随意，穿过茂密的亚马孙丛林。此处植被生长得极其茂密，阳光变成了珍稀资源。植物往往会长得很高，拥有如匕首般尖锐的荆棘，让竞争对手退避三舍。蛇、海鸥、犰狳、野猪和美洲豹已经在丛林中生存了上千年，和它们的演化学表亲——人类共享同一片土地。

人类学家相信亚诺玛米部落在那里生活了约1.1万年。他们以群居生活而闻名，部落中有环形的巨大建筑，还有通常用来举行仪式和节日活动的中央公共区域。而科学家也寻找这个部落以便展开科学研究。

位于委内瑞拉南部和巴西西北部的部落群，包括亚诺玛米在内，一直到20世纪70年代都保持与世隔绝的状态，而巴西政府的新发展和"融合"政策导致了对原住民灾难性的大屠杀和人口迁移，使原住民饱受折磨。到了20世纪90年代，矿业公司看中了这片土地，将其视为自己的私人"黄金国"。在政府冷漠无视、收受回扣以及游说攻势的推动下，这些企业踏入了丛林深处，不可避免地带去了新的疾病。亚诺玛米人和亚马孙雨林再次受到重创，逐渐让位于工业发展的猛烈冲击。[2]但一些部落，尤其是在委内瑞拉境内的部落，仍然远离改变和破坏。那里的原住民大部分不被外界所知，直到2008年一支陆军小队乘坐直升机，看到了一个地图上没有标明的村庄内有一群亚诺玛米人。很快，科学家就会发现这些人的肠道细菌持有的秘密。这些远离文明、从未接触过现代医学的亚诺玛米人先得被保护起来，以预防潜在的疾病侵袭。

孟买这个繁华的大都市与亚马孙雨林之间的差距有多大，大家能想象出来。对丹塔斯来说，在人口密集的孟买，"丛林"由水泥而非树木构成，背景噪声则是交通拥堵的街道上的声音，而不是异国的鸟鸣。在丹塔斯十年级的生物课上，他被一位美国籍老师的话语深深吸引，瞬间就做了一个决定。受到海洋生物在生物化学方面的潜力启示，他决定将来有一天要获得生物化学博士学位。在追求这一目标的过程中，一系列机缘巧合的事件让他踏上了一段有教育意义的漫长旅程。

他的第一站是一所位于南印度小镇科代卡纳尔的国际寄宿制学校。他从那里出发去了美国明尼苏达州圣保罗市的玛卡莱斯特学院，那是他进入西雅图华盛顿大学的前站，最终在华盛顿大学，丹塔斯获得了博士学位。带着数十年求学累积得到的学历和所有知识，丹塔斯去了哈佛医学院。他在美国各地的曲折经历也贯穿着他的学术领域：他研究过有机化学、蛋白质工程和生物燃料。

在21世纪初，生物燃料是一个热门话题，也是哈佛大学遗传学教授乔治·丘奇的实验室的核心课题之一。丘奇因其非同寻常、极富创造力的科学研究方法而闻名，当时他实验室中的研究者正忙于寻找将虫子用作生物燃料的方法。

丹塔斯在哈佛大学读博士后期间，有一天他和他的实验室同事做了一个简单实验，却意外地改变了丹塔斯的研究兴趣。就像他们之前的几代科学家一样，他们在土壤中寻找无尽的微生物宝藏。他们从全美不同区域采集土壤样本，将里面的细菌分离出来，希望找到能够创造出有用生物燃料的材料。21世纪最初的10年，全球石油和天然气市场充满不确定性，而生物学家、化学家和化学工程师始终积极寻找可替代燃料资源，包括从有机物和微生物（比如细菌）中获得的生物燃料。各学科间的传统藩篱也开始消失，崭新的跨学科方法被人们采用，也在不同学术机构间互通有无。为了培养细菌，丹塔斯和他的同事测试了各种植物性化合物，看看是否有潜力作为细菌的食物来源，然后被转化成生物燃料。在对照实验中，他们还用上了浓度远远超过毒性标准的抗生素。事实上，他们用的抗生素剂量要比我们给患有严重细菌感染的病人用的最大剂量高好几倍。丹塔斯相当确定，在这些对照实验中，任何细菌都会被消灭干净。但是，一些不同寻常的事情发生了。

丹塔斯和他的同事震惊地发现，抗生素并没有杀死细菌，一些细菌反而吞噬掉了抗生素。这真是奇怪。这些细菌不仅存活下来，还靠着抗生素茁壮成长。丹塔斯无法相信他看到的景象。这些细菌如何应对自己身处的环境，环境又是如何影响细菌行为的？就在丹塔斯努力解决这个困惑的时候，科学界对人类微生物组的兴趣像坐火箭般飙升。丹塔斯遇到了新问题：细菌和环境的整体关系是否也会在人类肠道内发挥作用？

丹塔斯被细菌的行为——更重要的是微生物基因组学——深深吸引。到了2009年，丹塔斯开始在圣路易斯市的华盛顿大学成立自己的实验室，他将自己的研究兴趣集中到了微生物组方面。他参加一场会议的时候遇到了罗博·奈特，奈特当时还是科罗拉多大学博尔德分校的教授，因以复杂精妙的计算研究方式分析微生物及其基因组而闻名。这两位科学家有很多共同话题，而他俩建立合作关系的关键在于，双方都很有兴趣研发工具来探索不同环境中微生物的行为。

奈特和丹塔斯开始讨论要开展一项实验，他们相信这项实验将会阐明整个微生物世界。他们考虑到了非常具体的参数。他们想要知道，能否观察人体内从没有接触过抗生素的微生物群。它们会是什么样子？这样的实验有没有可能完成？在孟买的水泥丛林中，丹塔斯怀疑这项实验无法完成。但幸运的是，奈特一直和一位名叫玛丽亚·格洛丽娅·多明格斯–贝罗的科学家合作。

多明格斯–贝罗是波多黎各大学的微生物学家（2012年她去了纽约大学，并且成为罗格斯大学的教授）。长久以来，她一直对微生物组学兴趣浓厚。她大部分的研究生涯都忙于研究螺杆菌。螺杆菌是一类奇怪的细菌。我们的肠道内就有它存在，全球至少有2/3的人肠道中有螺杆菌。对大部分人来说，它们是良性且无害的细菌，而且科学家认为儿童胃中的螺杆菌能够减缓过敏和哮喘的发作。然而，螺杆菌也会不时地破坏胃的内层，造成胃酸过多，从而在儿童和成人体内引发胃溃疡。[3] 多明格斯–贝罗已经研究螺杆菌相当长一段时间了。在她的家乡委内瑞拉，她一直钻研一个人们经常问她的问题：是不是欧洲人把螺杆菌带到了新世界，还是他们抵达之前螺杆菌早已存在了？

众所周知，西班牙殖民者带来了一系列疾病——从麻疹到天花，这些疾病使当地人口数量锐减。但是，多明格斯–贝罗想知道的是，欧洲人是否携带螺杆菌，将这种细菌引入南美洲，最终使其定植到当地人的肠道中。她开始了调查。她知道南美洲的原住民也被称作美洲印第安人，最初来自亚洲。她还知道，欧洲的螺杆菌菌株和亚洲菌株并不相同，而这一谱系可以通过实验室中的实验进行检验。如果她有办法研究当地部族居民肠道内的螺杆菌，主要是那些从来没有接触过欧洲殖民者的人，她就有可能得到她想要的答案。多明格斯–贝罗和委内瑞拉以及其他拉丁美洲国家的同行合作，证明了当地部族居民体内的螺杆菌属于亚洲菌株。欧洲定居者给拉丁美洲带来了一大堆病原体和疾病，但螺杆菌不在其中。[4]

通过与委内瑞拉政府和亚马孙热带疾病中心联系[5] ——多明格斯–贝罗和他们从20世纪90年代起就开始合作了，她获悉委内瑞拉军方最近在一次巡视任务中从直升机上看到过一个亚诺玛米人部落。[6]亚诺玛米人生活的地方远离亚马孙河，那个地区先前在地图上没有标注。这就意味着这个部落可能是潜在的科学数据宝库，但也表明了这个部落的高度脆弱。可以理解，亚诺玛米人所在的区域位置得到了当地政府的保护，就连多明格斯–贝罗直到今日都不知道部落的具体位置。这一直是一个秘密。但如果该部落与拥有免疫力或者接种过疫苗的外来团体接触（最合乎逻辑的说法不是会不会接触，而是什么时候接触），那么他们始终面临着灭绝的风险。因为亚诺玛米人从来都没有接种过疫苗，所以他们很可能对那些致命的传染病（比如麻疹）没有免疫力。

2009年，委内瑞拉政府的一个医学代表团到了部落，给当地部族居民接种疫苗，以防止他们感染传染病。他们遵循着严格的协议，以保证团队成员不会引入疾病。这个小村庄的居民都是狩猎采集者，部落居民以在沼泽中发现的野香蕉、季节性水果、小型鱼类和蛙类为食。这些亚诺玛米人去最近的医疗点需要步行两个星期。在部族成员接种疫苗之前，医疗队收集了他们的粪便、口腔黏液和前臂内侧皮肤样本。而多明格斯–贝罗感兴趣的正是这些样本，她可以用它们研究该部落的微生物组情况。为了获取样本，她花费大量精力处理了一大堆文书工作，用了将近一年的时间得到了所有的批准许可。

· · ·

罗博·奈特介绍了多明格斯–贝罗和丹塔斯相互认识。多明格斯–贝罗从委内瑞拉获取的样本不仅能告诉我们螺杆菌的起源故事，还能给出更多信息。它们可以告诉我们：生活在丛林深处、从来没有抗生素使用史的当地部落居民，实际上是否天然携带着任何抗生素耐药性基因。

丹塔斯的实验室团队开始研究。对样品的获取受到了严格限制（就像多明格斯–贝罗经历的过程一样），而且理当如此。它们极其稀有，因此也极其珍贵。多明格斯–贝罗提供了与委内瑞拉当局的联系方式，但是丹塔斯实验室还得走文书程序。这一切就是为了追求一个推测性结果。审批程序花了几个月的时间才完成，在他们等待结果的时候，丹塔斯和奈特确保了自己的实验室准备好迎接样品的最终到来。2013年年初，样品终于到了圣路易斯市。

研究团队马力全开，最初的结果既令人着迷，又让人不安。研究表明，亚诺玛米部落成员携带的细菌对全球各个现代医院常用的某些抗生素具有耐药性。但是还有其他研究发现：他们的微生物群对更高级、更复杂的抗生素也具有耐药性。[7]数据表明，部落成员对天然产生的抗生素有抗性，对合成抗生素——那些不应该出现在大自然中的抗生素——也有抗性。一个被亚马孙丛林层层封锁的部落是如何对20世纪80年代医药公司的实验室制造的药物发展出抗性的？

· ·
· ·
·

　　丹塔斯、奈特和多明格斯–贝罗展示了一些大家都没有预料到的东西，就和格里·赖特和海泽尔·巴尔顿的故事中一样。亚诺玛米人微生物组中的细菌不仅对未接触过的天然抗生素有抗性，而且对据说是在实验室中创造的抗生素有耐药性。[8] 这怎么可能呢？丹塔斯只能进行推测，似乎存在两种可能。第一种可能，丹塔斯和他的同事发现的分子片段可能在亚诺玛米人的微生物组细菌中天然发挥着功能。也就是说，这些分子片段能够抵御遥远异国实验室设计的"现代"先进抗生素，纯粹是巧合。[9]

　　但是，还有第二种可能，也正是这种可能让丹塔斯和他的许多同事都产生了乐观的想法。也许这些所谓的合成抗生素根本不是合成的，科学家在实验室里制造的化合物实际上会天然地结合在一起。这些合成分子可能会在亚马孙雨林的某些环境中被细菌天然制造出来，而且这些化合物作为直接环境的一部分，接触到了部落里的人，然后通过选择过程，让当地人的微生物组对其产生耐药性。这可能意味着，在世界各地多种多样的微生物组中存在着大量未经开发的新型药物和化学物质。

　　几十年来，微生物学家和其他科学家都相信，土壤可能蕴藏着无尽的细菌储备，能够用来制造强效抗生素。20世纪40年代最初的成功，以及50年代制药公司从土壤样本中不断发现新抗生素的这段蜜月期，都证明了这一事实。但是到了20世纪60年代，随着新药研发通道开始干涸，科学家逐渐转往别处寻找。

　　丹塔斯、多明格斯–贝罗、赖特等人已经表明，早期土壤科学家的预感是正确的。事实上，我们有保持乐观的理由。具有耐药性的洞穴细菌和亚诺玛米人的基因中的两大发现表明，我们尚未耗尽自然储备。细菌能够在现代医药缺席的情况下演化出对抗生素的耐药性，说明环境中存在的抗生素被细菌所用，来打赢达尔文式适者生存之战，只是我们还不知道而已。寻找这些强效的化学物质，要求我们具备更加复杂和精密的技术。

第5章

在种子库附近

格里·赖特对自己的大发现兴奋不已，但有些事困扰着他。他想搞清楚细菌之间的"军备竞赛"。一些细菌在制造抗生素，然后，为了防止自己被这些致命分子杀死，它们还发展出了耐药性。一些细菌为了存活下来并抵御其他细菌的攻击，发展出防御机制。那么，这种"军备竞赛"持续了多久？如果防御机制变得越来越强劲，那么拥有进攻性武器还有什么优势呢？

在赖特看来，有些事情说不通。如果每种细菌最终都对抗生素产生耐药性，为什么还有一些细菌仍然在制造抗生素呢？越来越多的研究表明，细菌的耐药性在增加，而向自然界学习并被事物的自然秩序深深吸引的赖特想知道，是否存在另一个角度———一种让一些细菌能够削弱其他细菌防御机制的方法，让细菌再次对抗生素变得易感呢？[1]

为了检验自己的理论，赖特回到自己拥有的最强有力的资源库——土壤中去寻找答案。他让他的学生和同事搜集任何他们认为有用的样本。他在寻找丢失的拼图块，试图给出细菌仍然在制造抗生素的理由。答案很快就找到了。来自新斯科舍省国家公园的一份样本是他的一个学生在一次假期徒步中采集到的。就和上百份其他样品一样，这份土壤样本同样得到了分析，但是这份样品的分析结果大不相同。赖特和他的团队在其中发现了曲霉属真菌制造的分子。这种形态的真菌往往生长在腐烂的树叶下。[2] 赖特实验室发现，曲霉菌制造的分子能够解除细菌的防御机制。这是"军备竞赛"新的转折点。一些细菌会制造抗生素，而其他细菌为了自保产生耐药性。但是，曲霉菌制造的那种分子能够解除抵抗，在细菌的防线上戳出漏洞，让原来的抗生素再次发挥效力。其中一种就是赖特在新斯科舍省土壤样本中发现的分子，被称作曲霉菌A（AMA）。[3]

所以，他的研究有了新的焦点。现在，他的目标是将其转变成一种对付细菌的武器。这种细菌含有一种特殊的酶，能够让细菌对大部分强效抗生素产生耐药性。这种酶的学名就是"新德里金属–β–内酰胺酶1"（NDM-1）。

很少有人将印度新德里拥挤的人口与活动和斯瓦尔巴特群岛联系到一起。后者位于北冰洋高处，大约处在北极和挪威大陆中间。当地几乎寸草不生。17—18世纪，这片群岛曾是挪威探险家的捕鲸基地。如今，斯瓦尔巴特因完全不同的东西而闻名。那里坐落着一座储藏着延续人类文明的希望的宝库，以防世界末日来临。

全球种子库地处斯瓦尔巴特群岛西端的斯匹次卑尔根岛上。种子库是一座高度安全的建筑，位于砂岩山下400英尺（约122米）的地底深处，[4] 并且由挪威政府、一家由致力于食品安全的非政府机构组成的国际信托机构，和一个致力于保存遗传资源的北欧财团共同管理。种子库内保存着近 450 万颗种子样本，在面临全球灾难时可以启用。讽刺的是，这个种子库可能挺不过挪威设计师当时没有预料到的一种全球灾难：气候变化。由于冰川消融，种子库面临被洪水淹没的威胁。虽然出于现实原因的考量，种子库的位置选定在远离人类文明的地方，但事实证明，其实并没有人类文明触及不到的地方。至少它没能逃过气候变化的影响。

　　斯匹次卑尔根岛的西北角落（也就是种子库的所在）是名为孔斯峡湾的冰川峡湾。2019 年 1 月，一支由来自英国、美国和中国的研究人员组成的国际团队报告说，他们在孔斯峡湾的多个地点收集到的土壤样本中存在抗生素耐药性基因，采集地点还包括被称作 SL3 的小型湖泊。[5] 从 SL3 土壤样本发现的耐药性基因中，存在着对某一类药物具有耐药性的基因，而这类药物正是人类抵御致病菌的最后防线——碳青霉烯类抗生素。研究团队发现，土壤样本中包含的基因和格里·赖特正在研究的基因是同一种。同时，内华达州碳青霉烯耐药性感染女患者体内存在的基因也是它——致命的 NDM-1。

第6章

来自新德里的耐药基因

"军备竞赛"和摇摆不定的力量平衡不是细菌世界所独有的。实际上，早在迈蒙尼提斯所处的时代之前，人类的紧张关系已经直接影响到了细菌之间的竞争关系。印度和巴基斯坦这两个人口密集、装备核武器、处在亚洲心脏之地的国家，时时刻刻处在战争爆发的边缘，而且可能引起全球灾难。

自从1947年印巴分治以来，印度和巴基斯坦的敌对关系在两国境内影响到了一代又一代人。这两个国家分别在1965年和1971年经历过两场大战，而在世界最高的战场——严寒的锡亚琴冰川地区，有较小规模的局部冲突发生。领土侵犯、恐怖主义行为和口水战，都反映了弥漫于两国之间深刻而旷久的敌意。正是在这种敌对关系的背景下，英国微生物学家蒂莫西·沃尔什成为巴基斯坦的名人。

沃尔什出生在布里斯托尔，后来移居塔斯马尼亚州——澳大利亚最南端的州，那年他13岁。[1] 他对科学的热爱来自父亲的影响，他的父亲是一名生物学家。最开始，沃尔什想要学医，后来他改变了想法，最终获得了微生物学硕士学位。他关注的课题是β–内酰胺类抗生素，青霉素就属于这类抗生素。[2] 在澳大利亚完成了自己的硕士学业之后，沃尔什返回布里斯托尔，取得了博士学位。他在英国四处奔走，寻找既能为他提供必要的专业训练，也能给他所渴求的学术自由的实验室。在完成一系列有奖学金资助的工作后，他最终回到布里斯托尔，找到了一份讲师工作。他兜兜转转一大圈，但是内心仍然没有办法安定下来。在当时的抗生素耐药性研究领域，研究者都痴迷于研究革兰氏阳性菌，而沃尔什则顽固地坚持着自己对革兰氏阴性菌的兴趣。2006年，机遇出现在威尔士的卡迪夫，那里的大学有兴趣招聘沃尔什担任教授一职。卡迪夫位于布里斯托尔以西，穿过海峡约1个小时的车程。沃尔什喜欢卡迪夫大学宁静的环境，而且教授职位意味着较少的教学工作和行政负担。[3] 所以他接受了这份工作，安定下来开展关于革兰氏阴性菌的常规研究。

2008年年初，沃尔什接到了一位同事从斯德哥尔摩的卡罗林斯卡学院打来的电话，他希望沃尔什能帮他一个忙。电话里提到了一个生活在瑞典的印度人。此人最近去了一趟印度，得了尿道感染，而且回到瑞典后感染症状一直持续着。尿道感染不是什么稀奇的病。医生做了常规实验室化验来分离致病菌。然后，实验室的报告表明，他的感染原因和120年前引起弗里德兰德兴趣的肺炎致病菌相同。

此外，还有更多的信息。导致感染的细菌带有一种新的基因（制造一种新型酶的遗传密码），正是这种基因导致细菌对多种药物具有高水平的耐药性。沃尔什将这种酶命名为新德里金属-β-内酰胺酶1。这一名称反映了国际惯例，它遵循标准，结合了患者疾病发源地——新德里，与耐药性机制——β-内酰胺酶。

虽然这种酶的名字里有"新德里"，以及存在着它可能有很广泛的耐药性这一事实，但是没人在意这一发现，在印度显然也是如此。最终，对沃尔什来说，基因或者酶的名字是什么，或者在哪里首先被分离出来，这些都无关紧要。真正困扰沃尔什的是，这种简称NDM-1的酶可能对某些最强效的抗生素具有耐药性。因此，它可能将这种能力从一种细菌传给另一种细菌。它能够让肺炎克雷伯杆菌、大肠杆菌（通常简称为*E. coli*），以及其他革兰氏阴性菌（比如尿道感染致病菌）对青霉素、头孢菌素和碳青霉烯类抗生素产生完全的耐药性。更多人可能面临着治疗失败的高风险。是时候好好研究一下这个领域了。

·　·．
·　·

2009年沃尔什和他的团队去了印度，开始从患者、下水道和当地水源处收集样本。他们和印度的同行紧密合作，后者也有兴趣了解这个问题波及的范围，以及新型耐药机制的流行病学。沃尔什及其团队的发现让他们忧心忡忡。

在印度全国各地展开的研究表明，数十名患者体内的大肠杆菌或者肺炎克雷伯杆菌都携带NDM-1。每一份样品都在英国实验室接受检查并且通过测试，以确保结果的可靠性。甚至就在沃尔什和他的团队展开研究的同时，开始有报告称英国和美国患者也都出现携带NDM-1的感染。更麻烦的是，美国疾病控制与预防中心报告说，所有携带NDM-1的美国患者都是从印度或者巴基斯坦回来的。更糟糕的情况还在后头，这批美国患者有一个共同之处：他们曾经在印度或者巴基斯坦当地医院接受过各种疾病的治疗。[4] 这并不让人十分吃惊，因为当时恰逢印度医疗旅游业蓬勃发展之际。但是，报告的含义令人警觉，这意味着印度医院内潜伏着一种耐药机制，这种机制对医学上最有希望的抗生素产生了耐药性，而且现在正在全球扩散。

2010年8月，权威杂志《柳叶刀·传染病》发表了沃尔什的研究发现，关于沃尔什惊人发现的新闻报道开始在全球各地出现。就在论文发表的两天后，谷歌网站上人们对NDM-1的搜索达到了470万次。新闻头条加剧了全球的恐惧心理，人们担心一场严重的耐药菌感染疫情将无法被控制住："科学家发现新型超级细菌从印度扩散出来。"[5] "你准备好接受没有抗生素的世界了吗？"[6] 随后，人们开始担心去印度旅游是否安全，印度旅游业遭受了重创。这让印度政府措手不及，但是他们几乎立刻做出了反应。印度政府谴责沃尔什的研究，宣称这是带有偏见性的研究，甚至不科学。这项研究被他们称作英国一手捏造、对印度旅游业的一次恶意宣传打击，原因是英国嫉妒前殖民地印度的成功。印度议员 S. S. 阿鲁瓦利亚捕捉到了这种被伤害和表达谴责的感觉："如今，印度成为医疗旅游的海外目的地，出现这类新闻令人遗憾，这可能是那些跨国公司的险恶设计。"[7]

沃尔什安全返回卡迪夫，自己的研究事业也站稳了脚跟，他并不太关心外界的抵制声音。但是，那篇论文的第一作者卡尔提凯扬·库马拉斯瓦米遭到了印度议员的谴责，对方指控他与西方国家勾结，犯有利益冲突导致的罪行。[8] 在追寻科学谜题的同时，库马拉斯瓦米成为政治风暴的攻击靶心，这场风暴把印度每年产值24亿美元的医疗旅游产业置于险境。

在印度看来，争论的焦点就是酶的命名。NDM-1这个名称是根据国际惯例确定的，但是将新型超级细菌和新德里联系起来让印度政府感觉受到了冒犯，他们担心这种新发现的细菌与自己的国家捆绑在一起，将会永久影响本国的医疗旅游产业。[9]

印度政府开始自行展开研究，这些研究报告的结果却与独立研究人员的结果相互矛盾。批评言论质疑新发现的正确性，担心它们受到政府干预而成为有偏见倾向的结论。政府、健康行业和公共卫生组织之间的紧张关系与日俱增。同时，科学家指出，编码这种酶的基因普遍存在，

　　这才是真正严峻的问题。就在人们为它的命名争论不休的时候，它始终发挥着作用，对抗生素治疗产生耐药性。

　　沃尔什和他的团队坚持开展研究。他们的新研究表明，印度的水中、下水道中以及垃圾中存在高水平的耐药菌。在分析了从新德里采集的水样和下水道样本之后，他们评估大约有 50 万人——至少是城市居民总人口的 10%——肠道中携带着能制造 NDM-1 的细菌。[10] 这意味着如果这些人生病了，而致病菌是诸如大肠杆菌或者肺炎克雷伯氏菌这些携带 NDM-1 的细菌，那么标准疗法将不再奏效。

　　这一新发现的消息传出去之后，另一场媒体风暴接踵而至，其中包括印度医学研究委员会总干事维什瓦·莫汉·卡托奇医生的专题电视会议直播，他说最新发现缺乏临床和流行病学证据。印度政府向市民保证，水是可以安全饮用的，大家无须担忧。[11] 政府甚至悄悄地开始加强水的氯化处理，分发氯片。为了减少将来出现类似尴尬局面的概率，政府还迅速改变了样本采集的规范。[12]

·•·
•·

　　在印度，沃尔什俨然成为不受欢迎的人物，但是在巴基斯坦人们视他为英雄。背后的原因基本上和他作为一名受人尊敬、保守良知的科学家和合作者没什么关系，巴基斯坦人对他大加赞誉是因为他说新德里的水很危险——这让印度名誉扫地。NDM-1 不仅限于印度患者，它已经蔓延到全球，在巴基斯坦或者来自巴基斯坦的患者也携带耐药菌，但这些人觉得这些事实并不重要。

　　2012 年，在巴基斯坦首都卡拉奇市的一场正式活动中，沃尔什受到了市长的表彰。但无人提及细菌不会在乎国境边界和民族历史这一事实。

第7章

战争与和平

　　一座不为人知的纪念碑，铭刻着在世界范围内搜寻医学奇迹、以求治愈细菌感染的故事，如今它正静静矗立在距离东京市中心6英里（约9千米）的地方。在那里，你会找到一座小小的神社，正对着北里大学医院的高楼大厦。和北里大学及这家医院一样，这座神社会让人想起北里柴三郎，他是世界闻名的医师和细菌学家。不过，神社纪念的除了北里还有一个人：这座神社名为北里-科赫神社，以两位不分伯仲的科学家命名。

　　这座神社建造于1920年，在过去的100年内经历过两次迁移。无论它的位置在哪里，神社都是人们朝拜之地，每年5月27日会举办仪式。祭奠仪式遵循日本的神道教祭奠逝者的方式，在神社开始举办仪式的头几年，负责主持宗教仪式的人就是北里本人。

　　2019年夏天我去参观神社的时候，听说纪念碑的中心保存着一束头发。这束头发并不是北里的，这一供奉纪念着一个将死亡击退的人的成就，它属于德国微生物学家罗伯特·科赫。

　　当北里柴三郎在日本声名鹊起，被誉为传染病领域的先驱人物时，他认为他的成就可追溯至1886年，那年他刚开始在科赫的实验室工作。

在科赫眼中，北里从一个讲着一口流利德语的日本人，逐渐变成了科赫实验室以及柏林新成立的卫生研究所不可或缺的人物。

为了回应这一评价，当1931年北里柴三郎去世的时候，他的学生将神社从科赫神社更名为北里–科赫神社。[1] 神社被搬离传染病研究所，搬入新成立的北里研究所。在第二次世界大战期间遭受了严重破坏之后，它再次搬迁。颇具讽刺意味的是，这场战争同时是细菌感染和抗菌创新及其发展的最大推动力。

距离柏林市中心的亚历山大广场约3英里（4.8千米）远，在柏林–施潘道运河的岸边坐落着罗伯特·科赫研究所。这座宏伟的红砖建筑被美丽的木兰树环绕，每年春天，粉红色的木兰花绽放。附近的运河连通哈维尔河与施普雷河，而柏林最初就依河而建。研究所于1900年开放，如同日本神社一般，这座建筑里有罗伯特·科赫的雕像，传颂着其国际影响力。

毫无疑问，科赫是19世纪与20世纪交替之际最有影响力的细菌学家。他接受了德国从18世纪晚期开创的独一无二的严格教育模式，最终踏入了公共卫生领域。1843年，罗伯特出生在一个矿业大家族中，在13个孩子中排行老三。他在哥廷根大学接受了教育，19世纪50年代中期，哥廷根大学是研究自然科学最重要的地方。但是出于有争议的某些原因，科赫转而学医，成为一名医生，1866年以最高荣誉毕业。

就在科赫毕业后没几年，法国与普鲁士开战了。年轻的科赫作为外科医生在前线工作，亲眼见证了战争的残忍恐怖，这段经历给他留下了不可磨灭的印象。[2] 战争结束后过了很久，两国之间的敌意仍持续影响着科赫的世界观。尽管这场战争以普鲁士取得决定性的胜利终结，它还是给欧洲留下了永不消退的伤疤（包括可见的和不可见的），并且为日后波及范围更广的另一场战争打下了基础。

战争刚刚结束后不久，科赫就从前线返回，成为沃尔斯顿（如今是波兰领土）的一名乡村医生。[3] 在 19 世纪 60 年代后期，沃尔斯顿还是乡村，当地绝大多数的农民都受到一种疾病侵扰。时至今日，听到这种疾病还会让我们后背发凉，因为它的名字让人联想到生化恐怖主义和秘密实验室：炭疽。在 19 世纪晚期，炭疽还没有和战争或者恐怖主义联系到一起，但是对于关心自家动物健康的农民来说，这是一大挑战——偶尔也会威胁到这些农民自身的健康。由炭疽杆菌引发的炭疽有 4 种类型。最致命的一种传播渠道是呼吸系统，疾病孢子会在感染者体内快速繁殖和扩散。最初的症状类似流感，随后病菌导致肺部和淋巴结内迅速产生严重的组织损伤。如果患者得不到及时治疗，这种类型的炭疽的死亡率几乎是百分之百。

科赫知道，感染炭疽的动物很快就会死去，而且是以一种肉眼可见的痛苦方式死去。他决心找出这种致命感染的原因；他想要了解炭疽的秘密，找到治愈方法。幸运的是，除了是一名医生，科赫还是天才工匠。他很有耐心，认真细致。他的实验技术无人能及，这一杰出天赋让他从普通医生中脱颖而出。他使用原始的木条，从感染炭疽的牛脾脏中抽取血液，注射到健康小鼠的尾部，目的是弄清楚不同动物身上的疾病是否拥有共同的病因。[4]

尽管科赫所在的乡村环境有局限性，但是凭借精准的操作和检测，他成功培养并且识别出炭疽的病原体，这项成果具有变革意义。科赫已经证明存在单一的炭疽病原体，所以无论是哪种形式的炭疽，每个病例的病因都是该病原体。

在此之前，科赫一直在快速发展的传染病领域内默默无名。但是，科赫认识费迪南德·科恩。[5] 科恩在弗罗茨瓦夫大学接受过医学培训，但因为他是犹太人，当时在德国盛行的反犹主义让他无法完成博士学业。他去了更国际化的柏林，19 岁时就取得了博士学位。

具有讽刺意味的转折出现了，尽管由于科恩有犹太血统，他无法进入弗罗茨瓦夫大学攻读博士学位，但这所大学对于招聘教授没有身份限制。1849 年科恩进入弗罗茨瓦夫大学任职，并且终其一生在那里开展科研工作，其间，他研发出一套系统方法来分类细菌——这套方法是我们如今使用的分类法的重要前驱。到了 19 世纪 70 年代末，科恩已经被视作微生物学领域的权威。[6]

1876 年 4 月 22 日，科赫给科恩写了一封信，信中说自己已经发现了炭疽的完整生命周期。[7] 科恩对此有所怀疑，但也很感兴趣，所以他邀请科赫到弗罗茨瓦夫来讨论一下此事。在三天的时间里，科赫向科恩及其同事展示了如何使用简单的工具为他的观点奠定清晰、不可辩驳的基础：他认为炭疽确实由细菌引起，致病菌是一种能够在健康动物体内繁殖的细菌。除此之外，如果条件不利于生存，这种细菌还会形成孢子，维持休眠状态直到再次发现有利繁殖的环境。

科恩被说服了，于是 1876 年科赫发表了自己的发现。[8] 他一时声名大噪，不仅因为他发现了炭疽生命周期这件事，还因为他提出了一个更重大的理论：细菌致病理论。这一观点主张疾病由特定的细菌——病原体引发。科赫认为，并不是什么"瘴气"引发疾病，而是特定的细菌引发相应的疾病。一种思考方式的转变正在发生，即意识到对抗细菌导致的疾病需要科学有效的治疗方法，而不是迷信和民间疗法。

科赫提出了四个假设理论，也就是如今人们所称的"科赫法则"，来证明自己的细菌致病理论。[9] 在前两个假设中，他声称病原体一定存在于其所致疾病的所有病例中，而且该病原体能从患病宿主体内分离出来。换句话说，如果某人因为感染某种细菌性病原体而得病了，那么致病菌一定实打实地存在于患者体内，而医生必然能够从感染者体内分离出病原体。

在科赫的第三个假设（也是意义最深远的假设）中，他提到从患病动物的纯培养物中分离出病原体，注射到新的、没有防御的健康动物体内后，一定会引发同样的疾病。最后，他还表示一旦这种病原体在新的动物体内致病，它就必须从新宿主身上再次分离出来，并且要和原始病原体一模一样。

科赫一直在沃尔斯顿担任地区医师一职，同时也展开研究。在炭疽发现的助推下，他的学术生涯开始攀升。1880 年，他进入柏林的帝国卫生局；1885 年，他成为弗里德里希·威廉大学卫生研究院的首位正教授。1891 年普鲁士皇家传染病研究所成立，科赫担任所长，[10] 直到 1904 年。在这段时期，科赫的实验室是现代微生物学界最多产的实验室，平均每个月都有团队做出前沿的科学发现，解开当时最大的谜团，包括识别导致结核病与霍乱的病原体。

科赫的研究团队由一批杰出的学生、实习生和访问学者组成，其中包括北里柴三郎。北里柴三郎是破伤风致病菌的共同发现者。朱利斯·佩特里也在科赫实验室，[11] 他的名字和简便的佩特里培养皿永远联系在一起——这种培养皿如今在全球所有展开细菌研究的实验室中被广泛使用。但是在科赫的所有门生中，最著名的还要数保罗·埃尔利希。[12]

埃尔利希当时已经成为创造出高度特异性和特殊染料的先锋人物，这种染料能够与血液中不同类型细胞内的特定成分结合起来。1891年，埃尔利希在柏林的研究所加入了科赫团队。他在科赫实验室待了5年，随后在1896年成为一所新血清研究院的院长。埃尔利希从19世纪70年代起一直在研究免疫系统。在对免疫系统的研究生涯中，他与在马尔堡大学工作的医师埃米尔·冯·贝林合作。埃尔利希想知道，接触到某些特定的微生物之后，患者体内如何产生免疫力。这让他开始关注免疫细胞释放的，能够靶向致病微生物的特异性分子。[13]

埃尔利希继续为免疫学领域做出重大贡献，研究免疫细胞如何识别外来分子和微生物。[14] 但他的兴趣远远超出了免疫系统研究的范畴。他还对创造能够靶向微生物的特异性疗法感兴趣。就在他专注于研究免疫系统的时候，才华横溢的埃尔利希也没有忘记自己的染料研究，他发现了一种将这两个看似毫不相干的领域结合起来的方法。他想知道，如果染料能够结合细胞中的特定成分，让它们在显微镜下显现出来，那么其他的治疗性分子是否也可以这么做？如果可以，它们是否有可能关闭细胞的重要机制？如果这一过程是可能的，埃尔利希认为就能创造出特异性分子来杀死病原体。埃尔利希的假设理论和他的"锁与钥匙"学说都是正确的。他证明了药物小分子能够进入细胞，与靶标结合，或者关闭其功能，或者完全杀死它。[15]

在研究梅毒时，埃尔利希取得了重大突破。当时他发现编号606的化合物（后来成为治疗梅毒的特效药砷凡纳明，在市场上销售）会攻击病原体，但不会伤害其他细胞。[16] 用埃尔利希的话来说，这种化合物就是"魔法子弹"——一个以古老迷信为基础的术语，认为子弹在被施了正确咒语后就会击中特定的人。他的开创性研究在很大程度上取决于他在科赫实验室以及后来在德国其他研究所的研究，同时也开创了化疗的时代。化疗这种疗法建立的基础是认为药物可以靶向某个特定细胞，而且其他细胞不会受到伤害。[17]

　　虽然罗伯特·科赫的科研成就显赫，但他也因自己的某些学术不端行为而为人知晓。[18] 这说明了科学的不完美之处，同时表明那些站在科学领域巅峰的人物也非尽善尽美。像科赫这样复杂的人物做出的错误行为不仅仅是道德问题，还会给科学进步拖后腿。举例来说，科赫向世界宣布自己发现了"结核菌素"，可以作为疫苗来对抗结核病。但这种疫苗并不成功。[19] 科赫和自己的支持者为了抵抗相应的负面结果，辩称患者病得太厉害了，没有疫苗能救他们。还有其他严重问题：科赫并不知道如何制造疫苗，而且他的配方对于那些接受治疗的人来说是有害的，会引发严重的过敏反应。虽然科赫声称自己的疫苗在豚鼠身上完美发挥了效果，但是当他被要求提供动物实验的证明时，他甚至拿不出一只豚鼠。

　　坏事接踵而来。1906 年，科赫踏上了一次大胆的旅程，要去治疗德属东非地区的"睡眠病"（非洲锥虫病）。[20] 这种疾病通过被感染了病原体的舌蝇叮咬传播，如果不加以治疗，就会置人死地。该疾病威胁着非洲劳工的健康，这对殖民商业的胜利至关重要，因此与欧洲在非洲的殖民休戚相关。

　　科赫拜访了德属东非地区，并建议使用氨基苯胂酸钠来治疗非洲锥虫病。最开始，动物身上的氨基苯胂酸钠实验效果鼓舞人心。但有一个问题，氨基苯胂酸钠中含有高剂量的砷。声名显赫的科赫对这一事实置若罔闻，支持德国政府推进氨基苯胂酸钠疗法。由于该药物廉价且稳定，氨基苯胂酸钠在热带地区成为首选药物。但它对治疗非洲锥虫病没有什么效果；与之相反，每 5 个服用此药的人中就有一人最终失明，而且不可逆转。这无疑是一场灾难。[21]

但是科赫冥顽不灵，拒绝相信这些结果，他坚信氨基苯胂酸钠的疗效。面对这些人体试验的负面结果，他不为所动，反而认为药物在对非洲锥虫病的治疗中没有奏效的原因是剂量太低。他建议，给当地人服用的药物剂量加倍。这些建议被德国在东非负责临床试验的政府官员采纳，并在维多利亚湖附近的区域实施。这一决定酿成了可怕的灾祸，并在当地居民中引发了对德国医生的怨恨和不信任。[22]

科赫这位一丝不苟的科学家在德国备受推崇，终其一生几乎没有人挑战他的权威；他的许多错误行为都在其去世后曝光。质疑新型高风险疗法伦理性的官方规范，只是在此之前还没有到位而已。与此同时，科赫在公共卫生领域的失败很快就被人遗忘得一干二净。他的骨灰被安置在一间带有镀金天花板的房间里，这个房间位于与以其名字命名的研究所相连的博物馆的一楼，而这个研究所是传染病领域内最受推崇的机构之一。

在科赫骨灰的盛放处西南方向约650英里（1 046千米）之外，是另一个人的陵墓，他的名声、成就及世界级影响力都可与科赫相提并论。从突尼斯市到德黑兰，从上海到圣保罗，从布加勒斯特到班吉，坐落于这些城市中的以他名字命名的研究所正是他留下的科学遗产的最好证明。

在波士顿，距离我办公室1英里（约1.6千米）的地方有一条街也以他的名字命名。那条小街上有这座城市最知名的医学研究机构，而且它直通哈佛医学院的大理石门面建筑。所有以上种种，无论是这条街道，还是分散世界各地的研究所，都在向一位多产的科学家、国家级"世俗圣人"致敬，他就是路易·巴斯德。法国公民最近将其评为仅次于夏尔·戴高乐，排名第二的最伟大的法国人。[23] 对于出生在一个贫困的制革商之家的人来说，这样的结果相当不错。

巴斯德的名字不仅出现在建筑上，还被印刷在牛奶盒上——从印度的德里到叙利亚的大马士革都是这样。巴氏消毒法是制备牛奶、奶酪与其他食物时延缓其变质腐坏的方法。这正是细菌致病理论的实际应用——缓和地热处理食物，现在人们在世界各地的超市购买食品的时候都希望能够看到有过这种处理的保证。

但是，巴氏消毒法并不是让巴斯德接受拿破仑三世赞许的突破性发现。真正改变了我们如今对微生物作用的看法的，是巴斯德在发酵和酿酒方面的成果。[24] 在许多方面，巴斯德是一位理想的科学家和研究人员，他是那种既能发现问题又能解决问题的人。

19世纪60年代初，巴斯德证明了发酵，也就是酿制葡萄酒的必要前提条件，依赖于微观动物同时进行的"组织、发育及繁殖"。这一发现是一项重大成就，不仅因为该发现对法国关心的产业和产品具有积极影响，还因为它具有潜在的商业价值。巴斯德的远见，以及用它指导的操作过程，有望大大延长无数食品的保质期。很快，巴斯德就成了家喻户晓的英雄。在短短10年内，他得到了法国用来资助科学技术基金的10%，以展开他的研究。[25] 更重要的是，巴斯德既能够展示微生物的组织方式，又能说明它们如何致病（而不是环境因素或者患者自身虚弱的体质导致疾病发作）。

巴斯德这颗学术新星上升的速度和德国的科赫一样快，但这并不是两位科学家相互怀有几乎不加掩饰的敌意的原因。两人互相看不顺眼的历史至少可以追溯到1870年的普法战争。[26] 巴斯德和科赫的争斗让他们忽视了自己都不情愿承认的一点：他俩其实有很多共同点。他们都独立得出了结论，即细菌会导致疾病。双方都掌握精湛的实验技巧，也都十分在意自己在各自国家科学界领头人物的身份。他们都接受过严格的专业培训，获益于名师长辈的指导（科赫的老师是科恩，而巴斯德的良师就是天文学家让–巴蒂斯特·毕奥）。[27] 而且这两位都倾向于让自负和荣誉蒙蔽了自己的判断和行为。

就在科赫写下关于炭疽论文的5年之后，巴斯德宣称自己研发出了炭疽疫苗，通过将毒素暴露在氧气中来发挥效果。为了证明这种疫苗的效力，巴斯德在1881年5月5日做了一次戏剧性的演示。他和默伦镇普伊勒堡村的法国农民合作，将50只绵羊分为两组。他只给其中一组绵羊接种了疫苗，然后让两组绵羊都接触炭疽毒素。结果很惊人，在一个月内，接种过疫苗的绵羊没有一只生病，而对照组中的所有绵羊都病死了。

巴斯德公开成就，进一步巩固了他作为当时的科学巨星的地位，但是科赫表示不屑。专业上的嫉妒和激烈竞争"最伟大的在世细菌学家"的头衔是一个因素，国家背景则是另一个因素：巴斯德是法国人，而科赫是骄傲的德国人。在这一点上，巴斯德甚至公开说过："我仇恨普鲁士，要复仇、复仇、再复仇。"[28]

到了19世纪80年代中期，巴斯德已经巩固了自己作为世界知名科学家的声誉，但他觉得还不够。他继续追求科学前沿发现和更高的名望，而且往往精心设计各种公开的临床试验来实现他的野心。1885年7月，巴斯德为一个名叫约瑟夫·迈斯特的小男孩注射了实验性狂犬病疫苗，因为小男孩的母亲不断恳求救救她生病的儿子。巴斯德宣称，在50只狗身上进行了成功试验之后，他已经研发出狂犬病疫苗。男孩接种之后活了下来，这让巴斯德的名声更加显赫，也让他的研究发现无懈可击。巴斯德的狂犬病疫苗取得成功，也使他获得了更多资金来展开研究。凭借自己的名声，巴斯德推动了建造一个研究所来研发疫苗。

　　直到今天，巴斯德研究所不仅仍然在法国运行，而且在全球各地都有分支机构。这也展现了巴斯德和科赫的另一个相似之处：他们的天才毋庸置疑，但这两个人都愿意干一些违背伦理的事情。[29] 科赫试图用经过美化和伪造的结果来掩盖有问题的结核疫苗，这点在他生前就显而易见；但是，巴斯德的种种行为在其死后几十年才被揭示。巴斯德的遗嘱表示，自己的实验笔记不应该公布于众。他的遗愿被遵守了 80 年。然后，1965 年巴斯德的外孙巴斯德·瓦莱里–拉多博士将这些实验笔记捐赠给了位于巴黎的法国国家图书馆。

　　拉多博士只有一个捐赠条件。笔记在有限的范围内被阅读，直到他离世后才能公开。所以，当这些记述详尽的笔记最终公布于众的时候，一个更加复杂的人物形象取代了被神化的巴斯德的地位。笔记中表现出来的巴斯德无情、凶狠，有时甚至会误入歧途。[30] 他将炭疽毒素暴露在氧气中以制造出炭疽疫苗的伟大主张其实是假的。事实上，他用的方法恰恰来自他的一位竞争对手：让–乔瑟夫·图桑。[31] 对于图桑，巴斯德不仅只字未提，还宣扬自己研发出制造疫苗独一无二的方法，从而垄断了这种疫苗。在他抓住公众眼球的用疫苗拯救狂犬病患儿约瑟夫·迈斯特的这件事中，也存在虚假的说法。那种疫苗从未在任何动物身上试验过，这与他的说法完全相反。即使按照当时的标准判断，事先没有在其他动物身上进行试验，而是直接开展人体疫苗试验，也是违反科学伦理的。这个男孩能够活下来，与其说是药物救了他，不如说是运气好、命大。

　　科赫和巴斯德记录了人类与致病菌的无尽斗争中常常被遗忘的部分。我们面临的细菌性病原体数不胜数，这些微小的生物通过无限的分裂周期，适应了我们，定植于我们体内，围绕在我们身边，同时也存在于那些最遥远的、人类无法到达的地方。遵循着达尔文演化论和随机突变的法则，细菌能够继承或者获得渐进优势，让自己更有可能存活下来，赢得这场竞争。面对不断演化的致病菌造成的威胁，我们常常造出一个个天才，而这些天才中不乏那些受到国家以及个人层面嫉妒心驱使、野心勃勃的人——不管是道德的还是不道德的野心。这种天才作为个人往往有着各种缺陷，就像科赫和巴斯德那样。然而，合理管理这些天才，组织其发挥最佳才能，同时围堵住他们最坏的念头，将是20世纪后半叶逐渐兴起的各大研究所的任务，而且还要继续塑造我们直至今日的生存之战。

第8章

噬菌体的大起大落

人类身体往往成为寄生虫的宿主。跳蚤可以靠吸人类的血为生，螨虫则藏身于我们的死皮细胞内。棘头虫更喜欢我们的肠道，而蛔虫不怎么挑剔，它们能在我们的肠道、血液以及淋巴系统内滋润生活。从微观尺度看，无论原生动物是否具有传染性，它们都依赖我们的血液和组织存活。在许多情况中，寄生虫入侵被证明是致命的，这就解释了为什么噬菌体的发现过去曾是，如今仍然是人类与细菌的竞争中最有希望的进展之一。

病毒需要宿主存活才能活下去，它们无法存活于床头柜或者门把手表面。在不同类型的病毒中，有一种就是噬菌体。噬菌体这种微小的病毒能够感染并且征用细菌的各种机制。[1] 它们还能截取一个细菌的DNA，并转移给另一个细菌。从临床角度来看，噬菌体有用的原因之一就是它们生活在细菌内部。正因为它们生存在这里，同时能够控制细菌功能，所以它们也能够杀死宿主。

情况几乎总是如此，噬菌体的发现和作为潜在治疗手段的使用都无法只追溯到一个人身上，虽然有个人为了这一荣誉做了很多努力，他就是法裔加拿大生物学家菲力克斯·德赫雷尔。在他1926年发表的著作中，[2]他描述了自己周游世界的探险之旅——从墨西哥到阿根廷，再到北非；同时，他还概述了自己如何在第一次世界大战中幸存，最终抵达巴黎。根据德赫雷尔书中的描写，他在巴黎护理由志贺菌引发的细菌性痢疾患者时，发现了噬菌体。[3]在与那些康复的痢疾患者一起工作时，德赫雷尔注意到存在一种微生物，他称为抗志贺菌微生物。当他过滤出这种微生物并将痢疾致病菌放入过滤物的溶液中时，该溶液杀死了所有的细菌。[4]他将这些过滤所得的微生物称作噬菌体，意思就是吞噬细菌的生物体。我们所知道的是，他预见到了它们与细菌斗争的潜力。另外可以肯定，他发现并宣称这些病毒可用于治疗细菌感染，尤其是用来治疗痢疾，这让他在世界大战之后的一年内成为统领科学界的超级学术新星。

· · ·

用德赫雷尔的话来讲，他的故事丰富、有力，引人入胜。很明显，他的故事被精心修饰过。问题是德赫雷尔那吸引人的环球之旅故事并没有出现在他1921年出版的法文版著作中，[5]只有1926年的那版故事中有完整细节。不知怎么回事，这5年内德赫雷尔的记忆力似乎突然变好了。新材料的出现在一定程度上是因为不断有人攻击他的说法，即他是噬菌体唯一也是最初的发现者。科学家，尤其是比利时科学家朱尔·博尔代和安德烈·格拉提亚，纷纷指出德赫雷尔不是噬菌体发现者，他们称德赫雷尔故意误导科学界，事实上也误导了全世界。[6]博尔代和格拉提亚引用证据，声明噬菌体真正的发现者名叫弗雷德里克·图尔特，他比德赫雷尔早两年发表了证明自己发现的论文。[7]

图尔特接受过医学培训，想要成为一名医生，但他后来转而展开细

菌学实验研究，并在自己的科研生涯早期就发明了一种新的染色剂来给
细菌上色。染料研究一直是埃尔利希的主要研究方向，他在德国开了先
河，并继续影响欧洲其他国家和地区的细菌学研究。[8]图尔特的方法是
汉斯·革兰细菌分类方法的改良版，他用一系列染色剂和脱色剂检查细
菌是否会被染色。图尔特严格遵守规程，并且出于对前辈科学家开创性
研究的尊敬，将自己的新方法命名为革兰-图尔特染色法。图尔特是一
位异常多产的研究者，就在第一次世界大战爆发前夕，他发现了一套培
养一种牛群消瘦症致病菌的机制。然后，1915年图尔特发表了一篇论
文，报告说他看到了某种微生物，也就是德赫雷尔后来称作噬菌体的微
生物。[9]

　　图尔特指出，他在显微镜下看到了死亡的细菌，它们像玻璃一样光
亮透明。他还注意到，这些玻璃状斑点能增殖。于是，他提出了三种猜
想：第一，出现了一种前所未知的细菌；第二，这可能是一种细菌制造
出的酶；第三，这可能是"终极微型病毒"。第三种猜想最大胆，因为这
表明病毒能够感染细菌并且定植在细菌内，控制它们的功能，随后在适
当的时候甚至会杀死宿主。也许是为了暗示图尔特的最佳猜测，这篇论
文的题目就是《关于终极微型病毒属性的调查》。

　　然而，将图尔特与诸如德赫雷尔和巴斯德这些更加热衷于公开宣传
的科学家区分开来的，不仅仅是个人的谦虚品德。这篇论文的最后一行
也讲述了科学事业和研究基金如何支持夸大其词而不是谦虚谨慎的研究
者。"我很遗憾，"图尔特写道，"财务方面的考量让我无法展开这些研究
以给出明确的结论。"[10]

　　和许多抗生素研究一样，图尔特的科研事业也受到了世界大战的影
响。在战争期间，他被编入陆军，驻扎在希腊的塞萨洛尼基，在那里疟
疾是当地人面临的主要威胁。结果，因为急需照顾伤员和病人，他无法

继续自己的噬菌体研究。在战争期间，像噬菌体这种基础研究不会成为首选。[11]

当来自外界的压力要求德赫雷尔承认图尔特对噬菌体研究的贡献时，德赫雷尔坚持说他并没有看过图尔特的论文。许多微生物界的科学家很难相信，像德赫雷尔这样的人物会忽略图尔特的研究。一些顶尖科学家暗示，德赫雷尔从一位科学家同行那里窃取了他人的观点，这不是绅士所为。[12]但德赫雷尔并没有受阻，他继续自己的噬菌体研究，宣称他有权力追求并且改进自己的研究成果。他看到了噬菌体的巨大潜力，它们杀死宿主的能力有着不可估量的应用前景。

德赫雷尔利用自己的名声，在世界各地展开了临床试验。从印度的旁遮普邦到法属印度支那的西贡（今胡志明市），[13]德赫雷尔的噬菌体被用来治疗痢疾甚至鼠疫患者。很快，噬菌体疗法在全球各个医院广泛使用。医院提供的报告表明，针对各种疾病患者的治疗均取得了出色效果。

对德赫雷尔和他的成就最为谄媚的奉承，相当令人意外。当他的研究成为辛克莱·刘易斯一书的核心内容时，他本人也大吃一惊。可以肯定的是，《阿罗史密斯》是对德赫雷尔和其他科学家所从事的前沿科学研究的虚构描述，但是它抓住了公众的阅读想象力。这本书一炮而红，多年来一直是所有医学生的重要读物。1926年，这本书还获得了普利策奖，再一次提升了知名度。写作该书的刘易斯出于个人原因没有选择领取《阿罗史密斯》带来的奖赏，这给这本书带来了更多的恶名。[14]

德赫雷尔成了关注的焦点。很快，他就被耶鲁大学聘为教授。但他与系主任冲突不断，后者非常抵触德赫雷尔频繁得离谱儿的差旅活动（以及高昂的费用），也不喜欢他对商业投机的兴趣。精疲力竭之后，德赫雷尔于1933年离开耶鲁大学，投身于另一项事业，从而在接下来的几十年内影响了他的团队，改变了噬菌体研究。

由于美国和世界上大部分国家在大萧条期间一蹶不振，斯大林领导的苏联政府抓住这个机会，要证明苏联在一切领域都独占鳌头——包括前沿科学，尤其是苏联的科学研究。这包括由苏联科学家特罗菲姆·李森科主张苏联遗传学模式。[15] 苏联一下子就对噬菌体产生了兴趣。这种方案能够解决长期以来困扰苏联人民和军队的持续性感染问题，也为苏联政府提供证据，表明他们的临床干预措施不需要用西方遗传学来解释。

20世纪30年代早期，正好是德赫雷尔结束耶鲁大学教授生涯并打包行装返回巴黎的时候，他收到了一封自己以前的学生乔治·艾利瓦的来信。几十年前，艾利瓦和他在巴斯德研究所一起工作过。回到苏联之后，艾利瓦这位来自斯大林故乡格鲁吉亚，并且相貌英俊、口齿伶俐的科学家，在苏联权力的走廊上与政党大佬打起了交道。[16] 当德赫雷尔成为全球名人时（被苏联官方最权威的机构《真理报》誉为"西方欧洲最杰出的微生物学家之一"），[17] 艾利瓦吹嘘自己能直接联系到德赫雷尔。经过官方审查之后，艾利瓦给德赫雷尔发了一封邀请函，请他来苏联继续他的研究事业。

艾利瓦于1923年建立了第比利斯微生物学、流行病学和噬菌体研究所，他询问德赫雷尔是否有兴趣帮忙巩固新研究所的声誉。德赫雷尔立刻答应了，并且于1933年10月带着妻子来到了研究所，一直待到1935年5月，其间他不时地访问研究所。[18] 他带来了自己作为国际学术明星的声望，还有巴黎的实验设备，受到苏联政府非常殷勤的欢迎。苏联人民委员部卫生管理局的领导向他提供机会，邀请他领导莫斯科任何一家研究所，但是德赫雷尔婉拒了。他想要留在格鲁吉亚，践行他对艾利瓦的承诺（也是因为格鲁吉亚的气候要比莫斯科的舒适宜人）。

从20世纪30年代到40年代早期，苏联在将噬菌体研究用于治疗一系列传染病方面一直处于领先地位。尽管艾利瓦的研究所逃过了这次浩劫，但苏联的噬菌体研究从此进入了长达几十年的休眠期。德赫雷尔的毕生研究很快就被一类新型药物——抗生素的风头所掩盖。几乎没什么人知道，时近80年之后，在21世纪初，[19]当战争、贪婪和不良政策让抗生素失效的时候，噬菌体会再次具有重要意义。

第9章

磺胺和战争

瓦尔德马·肯普佛特是《纽约时报》的科学编辑，他个性桀骜，擅长追踪调查他那个时代的科学家。许多最著名的科学家都是怪人，他们中的大部分都对肯普佛特的奉承之词很满意。比如1931年6月12日，这天正好是尼古拉·特斯拉的75岁生日，肯普佛特给特斯拉先生写了一封信，以下是信件的部分内容：

> 亲爱的特斯拉先生：
>
> 当我回顾30多年来那些阐释科学和工程技术的编辑言论和新闻报道时，我发现您的身影要比我之前接触的任何人都伟岸。因此，能够将您在电气工程和电磁共振方面跨时代的实验成果公之于众，这是莫大的荣幸。[1]

特斯拉的怪异行为以及他的成就，吸引了公众的注意。其他科学家则与他非常不同。1950年，肯普佛特给《医学和相关科学史杂志》的编辑写信时提到了一个几乎被遗忘的人："许多对化疗感兴趣的人可能很想知道保罗·杰尔莫博士的近况，这位科学家在1906年发现了磺胺，结果他将自己的成果掩埋得如此隐秘，直到被同行格哈德·多马克再次发现。"[2]

1908年，保罗·杰尔莫发现了一种合成抗生素——磺胺。杰尔莫是奥地利化学家，他当时有足够的财力在1909年为他的发现争取专利——尽管他本人并没有完全理解其发挥作用的机制。但是后来他什么也没做。[3]

20多年过去了，没人意识到磺胺具有作为抗菌药物的潜力。在20世纪30年代初，磺胺成了一枚"重磅炸弹"，[4]这种药物能够快速治愈儿童和成年人的感染顽疾，降低住院率。而被视作第一种商用抗生素的磺胺，其相关荣誉和名声将落到德国细菌学家格哈德·多马克的头上。

多马克是"一战"老兵，从医师转行成为科学家。战后，他进入了制药产业，在德国伍珀塔尔的拜耳实验室工作的时候，他发现了杰尔莫最初的发现。当时大多数德国化学家都遵循严格的方法来识别有潜力的药物，多马克使用了上百种染料分子——其中的大部分是已有化学物质的变体，来探究它们是否能有效对抗链球菌属细菌。这些细菌是很好的感染模型，因为它们可以通过脓毒症有效杀死实验用小鼠。没有一种分子奏效，留给多马克的只有上百只死亡的小鼠，它们身上的感染对任何他寄希望于可能有治愈效果的分子都没有反应。[5]

1932年，多马克和他的团队试图将染色剂结合磺胺用在小鼠身上，这些小鼠已经感染了链球菌。磺胺奇迹般地对小鼠体内的链球菌感染发挥了作用。在接下来的两年内，拜耳的科学家发现，磺胺对其他感染症也有效，包括肺炎、脊膜炎和淋病。拜耳将这种药称为百浪多息。[6]

对于多马克来说，这一发现的影响已经遍及全球范围，同时也深入他的私人生活。1935年12月，他6岁的女儿希尔德加德手上因感染形成了脓肿。随着感染扩散，她的体温上升到104华氏度（40摄氏度）。血液检测表明，她患了严重的链球菌感染。希尔德加德几度失去意识，生命危在旦夕。如果她早一两年感染链球菌，或者出生在世界其他地方，她可能就已经死了。[7] 但她活了下来，在她的父亲给她服用了一周的百浪多息之后，她完全康复，又能在院子里玩耍嬉闹了。

拜耳发现这种重磅新药不是原创药物，早在1909年就在奥地利被发现了，这对拜耳公司来说是一个沉重打击。[8] 拜耳的专营权受到了严格限制，同时竞争对手很快研发出基于磺胺的合成抗生素。拜耳竭尽全力发挥了公司的市场和品牌营销能力，百浪多息这款新药才能大获成功。因为该药物被用来治疗足以威胁生命的疾病，其奇迹般的神效持续登上全球新闻的头版头条，而竞争对手也不断进入市场。

不同公司给磺胺起了各自的名称，注册了不同商标。成千上万的生命被这种药物拯救，得救者包括一位年轻人，而他的父亲正是美国总统。小富兰克林·德拉诺·罗斯福在1936年12月感染链球菌，并因此药物而痊愈。如果早10年，结果就会有所不同。成功治愈他的药物名称是氨苯磺胺（Prontylin）。1936年12月17日，《纽约时报》的头版有这么一则新闻：

　　　　一种新药挽救了年轻的小罗斯福，
　　　　　医生使用Prontylin对抗喉部链球菌感染，
　　　　病情一度危急，但是这个年轻人在波士顿医院情况稳定了下来，他的未婚妻确认后离开病床边。

药品专利到期的事实意味着很容易就能获取这种药物，而它对链球菌性喉炎的巨大效用意味着需求量猛增。[9] 为了拓宽需求，各家公司要寻求新配方，将自己的药品与其他药品区别开来。例如，因为磺胺类药物（商品名百浪多息和Prontylin）不溶于水，所以儿童很难吞咽下去。探查到这一商机后，位于田纳西州布里斯托尔市的S. E. 麦森吉尔公司的首席化学家哈罗德·沃特金斯研发出了一种新配方。他将药物粉末溶解在一种叫作二甘醇的化学药品中，甚至为它添加了覆盆子口味。公司检测了这种药品的外观、香气和口感，然后运送240加仑（约908升）发送到全美的医生手中。[10]

但是，这种药品未能治愈链球菌性喉炎，反而导致患者因肾衰竭而痛苦死亡。这是一场全国性悲剧，美国各地的医生开始报告这个可怕的后果。A. S. 卡尔霍恩博士在6名患者因为自己开的药物死亡之后——其中还有一名是他的朋友，写道："我已经知道，有时死亡对我来说是摆脱这种痛苦的最好方法。"[11]

1906年，美国总统西奥多·罗斯福签署了《纯净食品和药品法案》。其中，该法案通过名为"毒药小队"的志愿者团体得以实现，该团体是印第安纳州科学家哈维·威利的创意结晶。作为美国农业部化学局局长，威利一直对市场上的掺假和有毒食品兴趣浓厚。为了检验食品的安全性，他决定创建一支志愿者团队，团队成员要亲自品尝某些食物以检测其毒性，有时这种检测要以他们自己的身体健康为代价。[12]

威利不仅工作努力，而且很擅长说服别人，人脉也很广。他说服了美国总统西奥多·罗斯福，让总统相信必须有一条法案能够保护消费者免受有害食品和药品的伤害。1906年的《纯净食品和药物法案》就是他发挥政治头脑的结果。到了1927年，威利将美国农业部化学局的小办公室变成了农业部下属的研究所：食品、药品和杀虫剂管理局。

如今，随着磺胺类药物悲剧的发生，另一位罗斯福坐在了美国总统的办公室内。在他的监督下，美国食品药品监督管理局（简称FDA）采取行动，尽其所能从美国各地召回所有的液体磺胺类药物。政府对问题起源的分析结果表明，当时存在一个明显的政策漏洞。法案只要求制药公司报告药品疗效，并不要求他们进行即将上市药物的毒性检测或报告检测结果。最终，随着要求对药品广泛进行毒性检测并与FDA共享检测结果的法案通过，这一漏洞得以填补。FDA的角色也永远发生了改变，事实证明FDA对于即将投入市场的新药发挥着关键的作用。新药必须有效且安全。[13]

如今，随着磺胺类药物悲剧的发生，另一位罗斯福坐在了美国总统。

拯救了罗斯福儿子性命的磺胺类药物已经变成了一种常规药物，在美军加入第二次世界大战后被广泛用于治疗感染和伤口。就像那些冒着生命危险战斗的勇敢者一样，磺胺类药物是美国可支配资源储备的关键组成部分。埃利奥特·卡特勒上校是一个有着敏锐洞察力的人，但他对政治家（包括罗斯福在内）都抱有敌意。他曾是第二次世界大战欧洲战场的外科首席顾问。当时，他监督着战场和战地医院内大量药品的管理事宜。[14]

1943年，卡特勒观察到一些相当令人不安的情况。当时美军的主要战场在非洲大陆，而卡特勒的任务是监督所有在欧洲战斗的美军服役人员的护理情况，他启动了一项研究，了解从北非回来的伤病员情况——他们都服用过磺胺类药物。对332例病例的调查结果令人震惊，1943年5月卡特勒总结说："统计数据表明，即使在最佳条件下服用磺胺类药物，也无法使伤口不感染。"[15]

过去10年内被视作奇迹疗法的药物现在宣告失败，而且并不是药品生产的问题，或者感染的属性发生了变化。现在，细菌赢得了战争。它们已经想出了办法躲避药物攻击，并对磺胺类药物产生了耐药性。卡特勒意识到，尽管10年前磺胺类药物可能发挥神效，但是如今已不再有效了。

后来有一位英国议员询问卡特勒："可以说美国军队使用的磺胺类药物拯救了生命吗？"

卡特勒回答道："答案当然是否定的。"[16]

美军不仅使用了神奇药物，还知道了这个奇迹的极限。现在，耐药性和药物一样真实存在。但是，卡特勒还知道一些其他的事情：一个后来影响了军医和全世界医师实践操作的现象。他知道要相信一种药物的威力，即使药物本身不再奏效。他写道："除了以上的重要性推论以外，伤员自己的心理影响也很重要。当士兵被问及时，他们会说，他们的生命是被磺胺类药物挽救的。经验丰富的临床医师了解这种精神状态的意义，并且无论这一代医师是否认可这种想法，都没有一位好医生会拒绝这种帮助人们从任何生理疾病中恢复的高度有益的因素。"[17]

卡特勒不太可能知道是战场上药物的过度使用导致了细菌产生耐药性，但他清楚地知道即使药物没有效果，仍然有开处方的理由。这更多地与对科学的集体信仰有关，而与药效的关系并不那么大。

这一信仰因素持续到今天。当患者发烧或者察觉到自己被感染的时候，他们会要求或者期待医生开抗生素给他们。全世界的医生通常都会开出抗生素处方，即使他们知道药物的威力有限，而且会快速衰退。但是，这些药物可能让患者充满希望。就像卡特勒在战争时期所做的那样，许多医生都相信患者对药物的感知和信仰的力量，即使药物早就失效了。

问题不单单是患者的要求，许多医生还没有完全意识到过量开具抗生素处方带来的更广泛后果，他们急着写下药物处方——那些药物过去曾经有效且在大部分地区都很容易获取。这种伦理冲突的另一个版本在全世界各地的初级护理中心上演。患者可能坚信他们需要服用抗生素才会好转，当某位医生不愿意开药的时候，患者就会去找其他愿意开药的医生。在一个日益关注评级和患者意见的世界中，那些担心自己的职业发展或者可持续性的医生选择开具抗生素处方，尽管这些药物的效果可能会遭到质疑，但他们不用浪费时间向病人长篇大论地解释为什么不需要抗生素。

卡特勒不仅仅照顾着自己的士兵们，他还参与了一个由美国支持的秘密项目，在战争最激烈的时候让他去了莫斯科。这个项目的目标是给斯大林及其军队提供珍贵的新药——青霉素。[18] 卡特勒当时并不知道，正是那些让磺胺类药物失效的错误判断，让最后的奇迹药物也陷入同样的境地。

第10章

霉菌汁

1945年12月11日，一个身材瘦削、脸上胡须剃得干干净净的苏格兰人在斯德哥尔摩登台亮相。就在前一天，他拜谒了身材高大的瑞典君主古斯塔夫国王，国王的身高远超这位科学家。现在，亚历山大·弗莱明爵士正等待接受诺贝尔奖，获奖原因是他发现青霉素的研究工作。

当弗莱明开始发表获奖感言时，他的声音非常轻柔，在场的听众不得不竖起耳朵仔细听。临近发言的尾声，这个苏格兰人讲述了使自己获奖的这项发现的局限性，并且发出了以下告诫：

青霉素无论用于何种用途，出于何种目的，都是无毒物质，因此不必担心给出的剂量过多，或者会毒害患者。但是，在剂量不足的情况下，风险是存在的。在实验室中，要让微生物对青霉素产生耐药性，操作起来很容易，只要让它们接触浓度不足以杀死它们的青霉素即可，同样的情况也会偶然发生在人体内。总有一天，大家都能在药店买到青霉素。到那时，风险就会存在：如果懵懂无知的患者服用的剂量不够，让自己体内的微生物接触到对它们来说非致死剂量的药物，就会让它们产生耐药性。我做一下假设性描述：X先生喉咙疼，他买了一些青霉素自行服用，但用量不足以杀死链球菌，反而使它们产生了耐药性。于是，病菌被传染给了他的妻子。X太太得了肺炎，需要服用青霉素治疗。由于链球菌现在已经对青霉素有了耐药性，治疗失败了。X太太最终死亡。谁要对她的死亡负主要责任呢？为什么是X先生？因为他忽视了使用青霉素的正确剂量，从而改变了微生物的属性。[1]

·   ·   ·

一个拯救上百万人生命的英雄提出了这样一个严峻的问题。弗莱明发现的青霉素不仅帮助盟军赢得了战争，还救助了全世界生病的人们。在提出医生们如果不谨慎使用药品就会发生什么情况的问题之后，亚历山大·弗莱明爵士还给出了答案：X先生通过"忽视使用青霉素的正确剂量"，杀死了自己的妻子。道德责任是明确的，弗莱明毫不含糊。"如果你服用青霉素，请足量使用。"[2]

弗莱明发现青霉素的故事，总是被人们以强调好运的方式讲述。事情是这样的：1928年8月，弗莱明急着去休假，匆忙间他忘记关上实验室的一扇窗，而窗边放的正是盛着金黄色葡萄球菌培养物的培养皿。9月初当弗莱明度假归来时，他发现了开着的窗户和培养皿。所有的培养皿看着都没什么问题，但有一个例外：因为受到显著的真菌污染，在培养皿内出现了一圈环状物，让这个培养皿格外显眼。所有接触过真菌的细菌都死了。弗莱明得出结论，认为这种真菌（他在后来的一项研究中将其称作点青霉）里面有些什么能够杀死细菌的东西。他推断他的"霉菌汁"[3]有潜力成为高效的细菌杀手。

　　这个故事流传了很久，被人们用来告诉年轻科学家，机会和运气会双双出现在他们选择的职业生涯中。不过，这个故事不全是真实的。[4] 这与弗莱明后来讲述自己另一个发现的故事极其雷同，另一个故事涉及溶菌酶——一种存在于大部分生物物质中的抗菌酶，从鼻涕到蛋清中都有。令人难以置信的是，一扇忘记关上的窗户在两种抗生素的发现故事中都扮演着重要角色。那些熟悉当时科学和医学史的人由此得出结论：弗莱明的故事有部分被美化了，因为他喜欢讲不切实际的故事，真实的故事可能暗示了他是一个时常健忘、马虎草率的人，而不是他自己宣称的那个严谨细致的科学家。[5]

　　毫无疑问，当弗莱明看到那圈真菌环状物的时候，他意识到培养皿里面有些了不得的东西。这种霉菌汁将会占据他大部分的科研生涯，还有他信任的助手斯图尔特·克拉多克的研究工作，因为他们试图理解其在杀死细菌过程中的作用。霉菌汁里有很多杂质，而其中需要用来杀死细菌的有效因子——青霉素的浓度不超过1%。弗莱明不是化学家，他在实验室中看到的结果不甚理想，原因在于他的蒸馏操作无效，并由此导致霉菌汁的整体效果不佳。由于弗莱明在提纯青霉素方面毫无进展，到了20世纪30年代中期，他的研究退回到他的第一个发现——溶菌酶。全世界也是如此，当时磺胺类药物的广泛使用表明，弗莱明在1929年发表的原创发现被遗忘了将近10年。[6]

　　时间接近20世纪30年代末，弗莱明的那篇关于青霉素的论文引起了一个别具一格的研究团队的关注。这个团队中的研究人员位于弗莱明发现青霉素的圣玛丽医院以西60英里（约96千米）处，他们彼此不信任。该团队以牛津大学为大本营，是威廉·邓恩爵士病理学院的一部分，研究人员中有霍华德·弗洛里——一位澳大利亚罗德学者项目资助的病理学家，他也是邓恩学院的新任院长。和他共事的还有一名杰出的化学家，名为恩斯特·鲍里斯·钱恩。作为一个从德国逃出来的犹太难民，钱恩得到了一个名为伦敦犹太难民委员会的进步团体的支持。第三名团队成员是诺曼·希特利，他接受过生物化学教育，但是意外地拥有设计实验工具的天赋。[7]

弗莱明的论文究竟如何获得了这个团队的关注，至今仍是一个谜。可能没有比该团队成员早已开始研究溶菌酶更明显的理由了，正是因为这样，他们查阅了弗莱明的所有研究。还有另外一种说法：谢菲尔德大学的病理学家塞西尔·乔治·潘恩，同时也是弗莱明曾经的学生，告诉了弗洛里关于青霉素的研究。[8] 弗洛里曾于1932—1935年在谢菲尔德大学担任教授一职，当时潘恩早就对青霉素很感兴趣，有证据表明他可能曾使用粗制的青霉素治疗年幼儿童的眼部感染。

1935年弗洛里去了牛津大学，当时邓恩病理学院的研究团队早已对溶菌酶有了兴趣，他们同时还对其他具有抗菌特性的天然化合物表露兴趣。该团队发现，稳定青霉素并提取出能发挥效力的剂量相当困难。钱恩感觉到青霉素的分子结构和它少得可怜的产量没什么关系。在他看来，问题来自另一个完全不同的源头，如果能证明他的猜想是正确的，就不难搞定。钱恩认为问题在于英国化学家的能力不济。弗洛里因此对钱恩发起挑战，要他证明他能做到别人——尤其是英国化学家——做不到的事情。钱恩从来不是一个腼腆的、会被吓倒的人，他接受了挑战，并且很明智地招募希特利来帮忙。[9]

希特利完成了连钱恩和弗洛里都力所不能及的事。他设计出的仪器，用料便宜、到处能找得到，能够协助他们展开必要的艰苦实验来提高青霉素的纯度。尽管弗洛里反对，希特利仍遵从自己的预感，认为自己能够使用乙醚从霉菌中提取出液体，最终事实证明他是对的。[10] 实验过程很成功，提高了青霉素的产量，产生了足够用以动物实验的青霉素。一个彰显自豪感、挑战性、天赋和坚定意志的过程将预感变为现实。希特利将提纯的青霉素交给了弗洛里和钱恩,现在是时候看看它到底有没有效果了。[11]

1940年5月25日,弗洛里用8只小白鼠开始自己的实验,他把它们分为两组,4只作为对照组,另外4只用上了提取的青霉素。8只小白鼠都感染了酿脓链球菌。4只对照组小鼠立即死亡,但另外4只实验组小鼠活了下来。希特利留在实验室直到凌晨3点45分,观察着实验取得进展。他在日记中写道:"看来青霉素真的有重要的实用意义。"这句话颇有点儿轻描淡写。[12]

随着"二战"如火如荼地进行,伤员数量一直在增长,牛津大学的科研努力也在继续。报告小鼠身上实验结果的论文发表了,为该团队赢得了全世界的关注,人们开始纷纷关注他们使用的珍贵药物。[13] 每个人都注意到了邓恩病理学院的成就。1940年9月2日,该团队意外发现一名带着苏格兰口音的中年男士拜访他们的实验室,他正是亚历山大·弗莱明,向钱恩询问他的"青霉素老友"的情况。弗莱明很可能既对邓恩学院的研究感兴趣,同时又担心是否能够享有发现青霉素的应得荣誉。[14]

为了证明青霉素确实具有治疗价值,牛津团队需要尽快得到人体试验结果。学术界对于新药的兴趣非常浓厚,但英国制药公司几乎没有相关的商业兴趣。这种药物有太多的未知性,不知道它的效力和纯度让企业持观望态度。为了吸引支持和投资,研究团队需要制造出更多剂量的青霉素,这也意味着要拥有更有效的设备,以及进行之前从未尝试过的规模操作。希特利确实是一个天才发明家,他真的设计出了更加有效的仪器，制造了足够剂量、足够纯度的青霉素，以供成人使用。是时候向世界展示青霉素有多棒了。

青霉素治愈人类感染的真正首次试验是在一名牛津警察的身上进行的，他叫阿尔伯特·亚历山大。亚历山大的感染发展到了会渗出黄脓的地步。尽管大量使用了磺胺类药物，但在过去的几周之内，感染已经转移至他的肺部。1941年2月12日，他用上了最新提纯的青霉素。[15] 结果可谓惊人。亚历山大的脸已经肿胀不堪，伤口深度感染，但他接受青霉素静脉注射后的一天之内，问题就解决了。他的高烧退去，身体状况开始好转。尽管尚未完全康复，但他已经能坐起来，甚至能够吃东西。在接受注射的前一天，他根本无力做到这些事。

但有一个问题。亚历山大是发育完全的成年男性，需要使用大量的青霉素才会完全康复，而希特利和他的团队制造出的青霉素远非纯净物。由于青霉素仅有5%的纯度，亚历山大用到的剂量已经超过了牛津团队所有的储备量。尽管希特利及其团队都在和时间赛跑，试图制造出更多的青霉素，1941年3月15日，亚历山大还是去世了。他的死讯让每个对奇迹药物寄予厚望的人深受打击。然而，还是有保持乐观的理由。药物毕竟有效果，只是剂量不够了。这已经不再是需要解决的临床问题，而是制造问题。

能否使用当时的制造方法大批量制造药物，始终是一个悬而未决的问题。牛津团队计算了一下，他们需要数千克药物，并非他们目前能制造出来的区区几克，而且所需的纯度远高于他们已经达到的水平。提纯青霉素，需要政府和私营企业的大笔资金投入。

直到1941年3月，英国一直独立对抗纳粹第三帝国的全部火力。有鉴于战争对英国造成的灾难性影响，没有一家英国公司或者机构有能力帮助牛津团队应对挑战。他们决定往西看看。希特利和弗洛里在洛克菲勒基金会的协助下于1941年7月2日抵达纽约的拉瓜迪亚机场，和潜在的美国合作伙伴一起继续青霉素研究，此前该基金会已经支持弗洛里的研究长达10年之久。[16]

弗洛里先去了纽黑文，拜访他的朋友、耶鲁大学的生理学教授约翰·富尔顿。富尔顿第一次遇见弗洛里是在20世纪20年代初，当时两人都是罗德学者。他们成了好朋友，友情深厚，在战争期间弗洛里甚至将自己的孩子送到了美国，由富尔顿代为照顾。[17]

现在，富尔顿又帮了弗洛里一个忙。他用上了自己的人脉关系，将弗洛里介绍给美国国家科学研究委员会的高层领导——该委员会的任务是让科学为国家安全服务。这些关系把弗洛里和希特利带到了位于芝加哥郊区的皮奥里亚县，在那里他们将会遇见美国农业部北方地区研究实验室的研究人员。

那里的实验室早已开始研究增加青霉素的产量和提高其纯度，并且在全世界范围寻找，希望能找到青霉菌的最佳来源。结果发现，最好的样品并非来自遥远的大陆，而是就在隔壁县的农贸市场。玛丽·亨特是在北方地区实验室工作的细菌学家，她买了一只烂哈密瓜，结果里面长出了最好的菌株。[18]实验室的其他科学家则致力于找到促进霉菌生长的理想条件，并发明仪器设备来提高产量。

邓恩病理实验室的实验在预算很少的情况下展开，北方实验室与此不同，财力雄厚得多。美国实验室的青霉素产量远远超过了邓恩病理实验室所能想象的程度。但是，这仍然不足以满足整个欧洲战场的需求。

1941年8月，弗洛里留下希特利一人在皮奥里亚，他自己向东去了费城拜访一位前同事——阿尔弗雷德·牛顿·理查兹。理查兹现在是美国科学研究发展局（简称OSRD）下属的、很有权力的医学研究委员会（简称CMR）负责人。[19]OSRD依照罗斯福总统的行政令创建，为任何

"与国防有关的科学和医学问题研究"提供需要的资助。[20] 听了弗洛里讲述的情况后，理查兹承诺向政府建议支持青霉素生产。

即便是在弗洛里于1941年9月返回英国之后，理查兹也在继续游说，为青霉素项目筹募资金赞助。在他和他的领导万尼瓦尔·布什的协助之下，1941年10月举行了一场OSRD与私营企业领导的会议。与会者包括CMR和OSRD的成员，还有辉瑞、默克和莱德利这些制药巨头的高管。虽然青霉素是议程的首要议题，但是资金赞助问题并没有最终定论。[21] 第二场会议定于当年12月召开。彼时，美国参与战争的方式已经完全改变。1941年12月7日，日本帝国海军偷袭美国在珍珠港的海军基地，美国正式加入"二战"。

OSRD组织的会议时间恰好是在日本偷袭后的10天。现在，目的不再是帮助邓恩病理实验室，而是保护所有盟军部队免遭感染而死亡。最好的方式就是快速生产大量高纯度的青霉素。有了美国政府的支持、大型制药企业的兴趣以及农业部的资源，青霉素生产的重心从英国向西转移到了美国。专利的发布数量不断增长，但是钱恩、希特利和弗洛里被排除在外，因为专利保护的是发酵方法和提纯过程，而不是产品本身。[22] 更令人气恼的是，北方实验室的微生物学家安德鲁·莫耶获得了研发青霉素生产发酵方法的专利。尽管诺曼·希特利在皮奥里亚时和莫耶紧密合作进行研发，但是希特利的名字没有出现在专利授权书上的任何地方。

美国政府的联合支持、美国农业部的专家团队，以及制药企业的投资，意味着青霉素生产达到了之前难以想象的速度。上百万美元的投入支持着大学实验室的研发，而制药企业花费上千万美元展开研究和生产。

美国政府批准了 16 家新青霉素工厂的建设。大规模的税收减免政策使得医药企业大量投资，并且损失风险很小。[23]

考虑到美国的投资水平和美国全国的专家资源，而且其产业不会有受到战争突然袭击的风险，美国的进程很快就让英国方面的努力相形见绌。到了 1944 年，美国的青霉素产量达到英国的 40 倍之多。药物不仅改变了战争的进程，同时也改变了美国制药行业的未来。

青霉素被视作数百万人的救星。临床试验以及战场上的使用证明了其高效性，但是从一开始就存在着对药物滥用和过度使用的担忧。霉菌汁发现者弗莱明发动了这场变革，在接受诺贝尔奖的时候滔滔不绝地提出了自己的质疑。但就在这种奇迹神药开始遭受质疑的时候，处在冷战风口浪尖上的苏联声称，青霉素实际上是由一位苏联科学家首先发现的。

第11章

带着眼泪的药片

　　虚构故事通常比真实事件更让人信服。想一下塔齐扬娜·弗拉申科娃，这位深受苏联人喜爱的无畏的微生物学家。她是韦尼阿明·亚历山德罗维奇·卡维林创作的小说《一本打开的书》的主人公，此书于1940年首次出版。她的事迹被写成了三部曲，还成为一档受欢迎的电视节目的素材来源，并借由一部故事片永垂不朽。她是苏联公民的典范，也是一位天才科学家。她克服了早年生活的逆境，创造了奇迹。她工作勤奋，是一位贤妻良母，当然她也准备好解决祖国苏联面临的最大问题。小说中写道，塔齐扬娜是苏联青霉素的真正发现者。她之所以能成为平民女英雄，真正原因可能是她的原型是作者非常熟悉的真实人物——卡维林的嫂子齐娜依达·埃尔莫列娃。

　　我第一次看到齐娜依达·埃尔莫列娃这个名字是在世界卫生组织（简称WHO）的档案中，出现在WHO第二任总干事马戈林诺·戈梅斯·坎道博士所写的一封信里。[1] 1959年6月26日，他给俄罗斯苏维埃联邦社会主义共和国卫生部写了一封信，提到WHO正在考虑接纳埃尔莫列娃博士成为该组织抗生素顾问小组的成员。她是唯一被考虑接纳的女性。收到了苏联方面的同意回复后，坎道博士于1959年8月24日直接给埃尔莫列娃写了信。她回复说很乐意接受这个职位，将会于1959年10月5日抵达日内瓦。从那时起一直到她1974年逝世，埃尔莫列娃一直是WHO抗生素委员会的成员。[2]

当然，事实会以虚构故事所不能实现的方式启迪他人。尽管埃尔莫列娃是苏联时代最著名的科学家之一，然而在抗生素的发现史中她还是被大大忽略了。这相当遗憾，因为她的人生故事应该足以鼓励后世的科学家。1898年埃尔莫列娃出生在弗洛罗沃市，学生时期，她精通拉丁语、法语和德语。她的拉丁语知识在医学院入学考试中给了她极大的帮助。[3]

第一次世界大战改变了埃尔莫列娃的人生。由于战争在欧洲爆发，华沙大学所有的院系全部搬迁到了埃尔莫列娃生活的顿河畔罗斯托夫市。一所世界一流大学突然出现在了自己家门口，她还非常幸运地成了里面的学生，因为苏联杜马投票同意向女性开放医学专业。她和她一生的挚友妮娜·克留耶娃同时进入了优秀班学习。

埃尔莫列娃接下来几年的学习生涯可谓风波不断，与外国势力和国内敌人的斗争伴随着她的科研事业。她见识了第一次世界大战、1917年俄国革命、共产党人和君主派之间的一系列内战，以及内战结束之后随之而来的饥荒和霍乱。在这段混乱的时期，埃尔莫列娃认定了自己最感兴趣的方向是细菌学研究。

埃尔莫列娃很快就留下了自己的印记。她的第一篇论文发表于1922年，当时她年仅23岁。同时，她也属于第一批弄清楚霍乱病原体和霍乱样病原体之间差异的苏联科学家之一。在如小说女主人公般戏剧性的故事场景中，埃尔莫列娃喝下了一瓶盛有霍乱样病原体的东西，目的是表明这两种病原体之间有着明确的区别。她活了下来，证明她的判断是正确的，而她的名声也进一步确立。

　　齐娜依达·埃尔莫列娃从此脱颖而出。当时她不过27岁，已经是一名受人尊敬的研究人员，既能在实验室也能在野外展开研究工作。为了跟上20世纪20年代的科学研究热潮，她的早期工作专注于噬菌体研究，当时这种专门杀死细菌的病毒在世界各地被用来治疗各种感染，因此让菲力克斯·德赫雷尔声名卓著。她的研究工作也救助了1939年在伊朗和阿富汗被肆虐的霍乱折磨的患者。

　　然而，埃尔莫列娃最大的突破出现在1942年。当时，根据希特勒的命令，德国军队几乎围困了斯大林格勒市（如今的伏尔加格勒市）。她趁着夜晚从莫斯科进入了这座被困之城。城内情况正在迅速恶化，供水管道遭到污染，有可能暴发毁灭性的霍乱疫情，这将实现纳粹迄今为止未能实现的目标：迫使这座城市投降。

　　埃尔莫列娃的团队遵照苏联人民保健委员会的指示，在斯大林格勒建立了一座地下秘密实验室。[4] 在那里，她展开研究，确立预防措施，建立诊所，并且推动水的氯化处理。在战争进行到最激烈的时候，每天有近5万人接受她的噬菌体疗法来治疗腹泻。

　　到了1942年年末，埃尔莫列娃接到了一个电话，电话的另一头传来了带有浓厚格鲁吉亚口音的男性声音。她一下子就听出来了，这正是中央委员会总秘书长约瑟夫·斯大林同志的声音。他问了她一个简短的问题：如果霍乱暴发，斯大林格勒的100万人是否能安然无恙？她充满信心地答道：一切都在掌控之中。她确实赢得了这场她自己的战斗。现在，轮到苏联红军赢得他们的胜利了。因为她的工作，埃尔莫列娃被授予斯大林奖章，出于真切的爱国情怀，她为战争做出了自己的贡献。[5]

　　虽然斯大林格勒最终得到了拯救，但是战争仍然没有取得胜利。苏联领导人感受到了青霉素用来治疗士兵和拯救市民的潜力。在了解弗莱明的原创发现以及弗洛里、钱恩和希特利取得的最新进展之后，苏联自己也下着一番苦功夫。尽管也是盟军的一员，苏联还是受到了英美的怀疑，同时也对它们报以同样的怀疑。为了赢得战争，向世界证明苏联政体的优越性，苏联需要可靠的青霉素生产。

埃尔莫列娃被指派执行这一任务，而她也没有辜负制造苏联自己的青霉素的期望。她发现了青霉菌的另一个亚种——皮壳青霉（*Penicillium crustosum*），该菌种独立于英美所使用的青霉菌类型。到了1943年年初，她的研究很快就发展到了临床试验的阶段。（1944年弗洛里拜访了苏联，还与埃尔莫列娃见了面。）[6]

随着时间的推移，研究始终没能给出期盼的理想药效。为了挽救自己国民的生命，苏联政府不得不向欧洲人购买青霉素的许可证。[7]

第 12 章

一场新的大流行病

细菌毫不在乎国家政治或者科学家的个人问题,在它坚持不懈的持续努力下,它更是毫不在乎人类的时间。当弗莱明在斯德哥尔摩做自己的诺贝尔奖演讲时,他并不知道自己的预言很快就要成真了。就在他发表演讲后的一年内,一位杰出的细菌学家玛丽·巴伯博士将会敲响第一次警钟,警示人们一场新的大流行病即将到来。事情始于伦敦的汉默史密斯医院。[1]

在第二次世界大战期间,巴伯致力于应对交叉感染的挑战,也就是研究病人如何相互传染。汉默史密斯医院有一场链球菌脓毒症暴发,正在肆虐。和她在英国各地的同行一样,巴伯使用青霉素来治疗感染;也和她的英国同行一样,她正在推进这种药物的用药极限。

1946年,巴伯开始注意到自己在战争年代没有看到的情况。她研究了取自患有各种感染的病人身上的样本,看到他们不再对青霉素有响应。随着调查的深入,她发现问题要比她想象的严重得多。耐药性不仅是真实存在的,而且程度与日俱增。她的调查数据令人震惊、困惑,同时也让人感到不安:在100名感染酿脓葡萄球菌的病患中,有38名对青霉素有了耐药性。[2]

巴伯是一位严谨的研究人员，她遵循精确的标准，再三分析了自己的数据。她得出的结论大胆又超前。在1947年的一篇论文中，她写道："显然，酿脓葡萄球菌菌株的青霉素耐药性增加的主要原因正是青霉素的广泛使用。"[3] 弗莱明的警告被玛丽·巴伯大声地重复了出来。现在，全世界必须做出响应，发布适当的警报。

英国公共卫生部（简称PHL）成立于1946年，源于国内对人为威胁（具体说来，就是生物战争）的担忧。从20世纪30年代起，就有着关于成立某个永久性实体部门的讨论，目的是致力于保护公众免受战争和冲突带来的流行病威胁。在那个时候，英国依靠的一直是各所大学的科研努力，但政府想要在自己的掌控下成立一个新的研究机构。最终，卫生部部长将PHL置于医学研究委员会（简称MRC）的监管之下，之前的讨论终于成为现实。

在战后的几年内，公共卫生部的主要任务就是向英国全国以及英联邦各区提供免费的流行病学服务。公共卫生部机构设计如下：在伦敦西北区的科林达成立一个中心实验机构，[4] 在牛津、剑桥、卡迪夫和纽卡斯尔建立区域站点网络。这一规划最终经过扩展，涵盖了25个较小的地区实验室。[5]

科林达的中心实验机构成立后不久，就成为传染病研究中心。同时，它还肩负起了调动全球资源以识别、了解并且追踪流行病的责任，而这些流行病通常发源于英国之外的国家。[6] 到了20世纪50年代中期，大约在实验室成立的10年后，将近有1 000人在科林达工作。来自世界各地的研究人员来此交流，寻求专家的帮助。许多科学家将自己的实验结果发送给科林达实验室，询问某种特定疾病的致病菌菌株能否用来和他们储存的样本进行比较。当研究员菲利斯·朗特里在那里工作的时候，她发起了一系列活动，这些活动将有助于定义面对感染时现代医院的卫生章程。[7]

朗特里在成长的过程中，表现得比她认识的大部分男孩子都聪明，包括她家族里那些受过良好教育的医生、护士和药剂师的孩子。她16岁就进入大学学习，这在1927年的澳大利亚是一件了不起的大事，但这也没有阻止她的第一位导师告诉她："亲爱的，有你在这里真是太棒了，但是我们不会给予女性永久性职位。"[8]（尽管他的实验室缺少技术熟练的工作人员。）

弗兰克·麦克法兰·伯内特爵士给了朗特里第一份正式工作，而如今墨尔本市内有一座知名研究所以伯内特爵士的名字命名。朗特里在澳大利亚接受培训之后，前往伦敦工作，随后在战争中贡献了自己的力量。这些经历不断磨砺她的技能。到了1950年，在朗特里获得了墨尔本大学的博士学位之后，她被视作噬菌体方面的专家，并且一直在悉尼皇家阿尔弗雷德王子医院工作。[9]

1952年在悉尼皇家北岸医院，医生开始在新生儿体内观察到一种不同寻常的感染。葡萄球菌感染也通过母乳喂养的婴儿传染给他们的母亲。[10]感染是一个问题，却不是最让人担心的问题：当时人们已经大量使用青霉素治疗该疾病，但它对这种神奇药物毫无反应。

当时在儿科病房值班的医生还包括卡莱尔·伊斯比斯特，她是医院的首席儿科医生。很快，她将成为澳大利亚最著名的儿科医生，在一定程度上要归功于当时极受欢迎的电台节目《广播室内的女医生》。[11] 1952年，伊斯比斯特和她的同事比阿特利克斯·杜丽遭遇了一次危机，她们寻求朗特里的协助。病房内的葡萄球菌感染对她们的青霉素常规疗法越来越没有反应。她们急切地想知道，为什么她们使用的药物无法解决这些感染？朗特里着手研究，很快发现了一种新的葡萄球菌形态，这预示着全球首场抗生素耐药性流行病的开始。

· · ·

　　朗特里使用噬菌体来识别导致感染的细菌类型。由于她有丰富的专业经验，朗特里拥有一套众所周知、国际通用的标准噬菌体样本，用来给细菌菌株分类。她首先试用了这些噬菌体，看看是否有匹配的。没有一个能匹配上，看来这确实是一种非常不同的葡萄球菌菌株。随后，朗特里改造了她使用的噬菌体，而经她改造后的噬菌体发生了匹配。但这引入了一个新问题。现在，她显然是全世界唯一一个拥有能够识别出这种细菌噬菌体的人。

　　朗特里给罗伯特·威廉斯写了信，他是英国科林达实验室的同行，负责保存标准噬菌体。她把噬菌体和细菌一同寄给了威廉斯，威廉斯对它们都做了检测，也将她改造后的噬菌体与标准名单做了比较。威廉斯确认了她的噬菌体是独一无二的，而菌株也是独一无二的。[12] 但是，他并不相信在遥远的澳大利亚儿科病房内暴发的传染病有什么全球性的重要影响。他给朗特里的噬菌体起了一个相当没有新意的名称："80号噬菌体"（可能是因为这个噬菌体在科林达实验室不断变长的噬菌体名单上正好排到第80号）。

　　尽管威廉斯这么认为，在加拿大还是暴发了一场类似的传染病。就和朗特里的操作一样，加拿大科学家创造出自己的噬菌体来研究细菌。然后，他们也将其送到了科林达实验室。这件事仍然没有给威廉斯留下什么印象，他将新噬菌体编为81号。后续研究确认，尽管80号和81号噬菌体不尽相同，但是它们指向的是同一种感染。[13]

　　到了1956年，耐药性葡萄球菌菌株不仅出现在加拿大和澳大利亚，还出现在新西兰、英国和美国。全球大流行病中首个由于致病菌对一线抗生素产生耐药性而出现的类型，迅速占据了各大报纸以及杂志的头版头条，比如《女士家庭杂志》。[14]

　　这场大流行病改变了全世界的医院，尤其是感染病房的操作方式。威廉斯一开始并不在意，后来才慢慢做出回应；伊斯比斯特则表现得完全相反。一旦充分认识到对青霉素的耐药性是导致感染暴发的原因，她就确定接下来会有越来越多的人关注如何预防耐药性传染病快速传播。在她的病房内，随后是全澳大利亚各地都出现了这种感染，她支持的做法是将感染的婴儿与他们的母亲隔离，并且制定新规则，尽最大可能缩短新妈妈分娩后停留在医院的时间。耐药菌感染的暴发直接影响了医院的感染控制和卫生操作规范。这能够阻止疾病传播，却没有办法治疗已经患病的病人。人们需要的是新一代的抗生素。

　　随着葡萄球菌产生耐药性的消息在全球传开，人们开始感到恐惧。为了缓解大家的焦虑，1959 年英国制造出一款名为甲氧西林的抗生素。[15]它诞生的时机不可能更好了。甲氧西林是一种类似于青霉素的半合成抗生素，似乎能够做到青霉素做不到的事情。它在感染青霉素耐药菌的患者身上的疗效尤其好。

　　PHL 的帕特里夏·杰文斯博士正在培养并且研究从英国各地送往实验室的葡萄球菌菌株，这是她工作的一部分。这些菌株有上千份。但是，在 1960 年 10 月，她遇到了一些特别的东西。三份来自英格兰东南部同一家医院的检测样本，和其他地方来的都不一样。这三份样本表现出的耐药性针对的不仅仅是青霉素，还有其他的一代抗生素，比如四环素和链霉素，当然也包括甲氧西林。[16]

　　第一位患者在医院的肾脏科病房，他入院检查是为了摘除肾脏；第二位患者是照料第一位患者的护士；第三位则是两个星期之后去同一家医院看病的人。第三位患者甚至都没住院，只是在门诊部就诊。经过仔细的反复检测，杰文斯得出了结论。她发表结果的研究报告开头就对那些思虑周全的人发出了不祥的警告："众所周知，皮肤感染的患者可能成为医院感染病的危险源头，在这样的情况下，发现了一位感染了甲氧西林耐药性菌株的患者给我们增加了一个额外警告。"[17]

帕特里夏·杰文斯的额外警告一开始无人关注。许多英国科学家质疑她的这一新型耐药菌发现。他们的关注点仍然在青霉素耐药性葡萄球菌上面，因此他们对于任何甲氧西林耐药菌并不关心。其他来自东欧和印度的甲氧西林耐药性报告也在很大程度上被忽略了。但是，情况将会发生改变。

大概在帕特里夏·杰文斯的实验室以南20英里（约32千米）处，有一家大型儿科医院，这是英格兰第一家同类医院。皇后玛丽儿童医院在第二次世界大战中不幸遭遇了最严重的轰炸，因为它距离德军瞄准的目标克罗伊登机场很近。[18] 即使医院的结构类似于军营，也无济于事。在不断面临轰炸威胁的岁月中，这家医院撤离了当地，过了不久在战后重新开放，作为知名的感染者隔离和治疗医院而再次名声大噪。

1959年，皇后玛丽儿童医院是英国仅有的两家使用甲氧西林的医院之一。到了1961年，也就是帕特里夏·杰文斯发表那篇提出警告的论文的几个月之后，医生们注意到第一例新生儿体内存在甲氧西林耐药性葡萄球菌的情况。[19] 在接下来的几个月内，这种细菌传到了其他病房，即便是在采取了新的隔离政策之后，耐药菌株也仍然很难控制住，更不要说治疗了。1962年，皇后玛丽儿童医院的医生们报告了第一例该耐药菌相关的死亡病例。不久后，这种感染传到了欧洲其他地方。

美国医生很快注意到了来自大西洋彼岸的报告。但出于某个原因，美国幸免于难。自英国首次报告存在甲氧西林耐药性之后的近7年间，美国没有任何相关报告。

这样的情况并没有持续下去。最初，一位名叫马克斯·芬兰德的医生带领着自己的团队检测了针对所有疗法的上千种葡萄球菌感染，证明了存在青霉素耐药性。但是，甲氧西林的疗效似乎挺好。1967年年初，这位警觉的医生开始了另一项研究，该研究历时一年。直到经过了充分的研究，他的团队才完成并提交了论文发表，此时已到了1968年。论文的第一行便是醒目的警告。从18位患者身上分离出的22个菌株表现出甲氧西林耐药性。[20]耐甲氧西林金黄色葡萄球菌已经抵达波士顿，很快就将出现在全美各地的医院内。

第13章

争议与监管

马克斯·芬兰德"个子很矮，矮到他开着自己那辆耀眼的蓝色福特野马车时，你只能看到他的双眼"，他的前同事罗恩·阿尔吉回忆说，还咯咯地笑了起来。[1] 芬兰德曾是阿尔吉的导师，也是他的终生好友，他们在20世纪五六十年代面临着抗生素耐药性问题。然而，芬兰德的声望和成就更为持久。到芬兰德1987年逝世时，美国传染病部门有60%的领导人都曾是他的直系门生。

尽管芬兰德身材矮小，但他是这个领域中的巨人，为塑造有关抗生素的科学论述和国家政策做出了指导性贡献。他笔耕不辍，一生发表了超过800篇学术论文，并且在《新英格兰医学杂志》上写了数不清的专栏文章（从来不留自己的真名）；他塑造了这个领域，还亲手培养了整整一代传染病专家。1962年成立传染病学会时，芬兰德毫无悬念地自动成为学会的第一任主席。[2]

1902年芬兰德出生在乌克兰首都基辅市附近的一个小村庄里。他的祖父曾经是克拉科夫市的首席拉比，因此一家人生活在俄罗斯帝国的犹太人定居区。这个定居区是俄罗斯帝国女沙皇叶卡捷琳娜二世在1791年建立的，目的是隔离国家内的犹太人——他们如果不皈依俄罗斯东正教，就不被允许离开这个定居区。定居区里面到处能见到穷人。更糟的是，阴谋恐惧和反犹太主义意味着迫害正在循环上演，尤其是在19世纪后半叶，当时俄罗斯帝国法庭相信犹太人一直和对数位俄罗斯帝国权贵的暗杀活动有牵连，包括暗杀沙皇。1903—1906年间不少村镇遭受了暴力迫害，受到最严酷打击的，包括芬兰德出生的村子。

芬兰德的父亲不是什么有钱人，但他还是尽自己所能收集物资，保护一家人平安。当他们抵达美国的时候，芬兰德只有4岁。他们的新家是在波士顿西区尽头的一个贫民窟，芬兰德终其一生将这座城市称为自己的家乡。他考入哈佛学院，并在1922年毕业。然后，他又考入哈佛医学院继续攻读学位，于1926年毕业。接下来，他获得了一笔奖学金，这足以说明他很优秀，因为当时几乎没有犹太人能够得到认可。芬兰德与哈佛之间的关系保持了一生，他的回馈足以匹配哈佛早年间对他才能的信任：在他的科研生涯中，通过筹集善款和自己的节俭积蓄，他为学校资助了多个研究教授职位。

芬兰德首次接触传染病始于20世纪20年代末，当时他在波士顿市立医院和桑代克纪念实验室任职。他在那里工作了将近半个世纪，这个实验室就和他的家一样。桑代克实验室创立于1923年，是美国第一家临床研究实验室，成立之后很快成为研究和培训中心。正是在桑代克实验室，芬兰德研究着当时被称作"死亡队长"的肺炎，[3]当时医院中将近1/2的人死于肺炎。同样也是在桑代克实验室，芬兰德遇到了威廉·卡斯特尔，后者的体型和个性与芬兰德完全相反。芬兰德讲课沉闷无趣，而卡斯特尔激情澎湃；芬兰德身材矮小，而卡斯特尔人高马大。

桑代克实验室是当时一些最有天赋的生理学家展开研究工作的完美之地。芬兰德一直对传染病研究兴趣浓厚，从20世纪30年代起，他就把自己的注意力转向了肺炎和磺胺类药物。20世纪30年代的重磅炸弹式药物——磺胺类药物，拯救了上百万人的性命，包括罗斯福总统的儿子，但在第二次世界大战开始的时候，这种药物失去了效力。

．　·
·　●　·

芬兰德成为仔细检验青霉素对人体疗效的领军人物。在第二次世界大战最激烈的时候，民用青霉素短缺。切斯特·基弗被任命为"青霉素沙皇"，负责合理分配其使用。[4] 他非常倚重芬兰德，向芬兰德咨询该药物如何运作，何时有效，何时无效，以及如何最优使用青霉素。

首先，芬兰德是一名临床医生，因此他深受一些同行的临床行为困扰。他是20世纪50年代最声名显赫的倡导者之一，积极发声，提出在用抗生素治疗感染时一定要慎之又慎。与芬兰德一起代表美国出席世界卫生组织会议的还有塞尔曼·瓦克斯曼博士。但是，两人对前景的看法截然不同。瓦克斯曼认为，世界上的自然资源将会保障抗生素的无限供应；而芬兰德则敲响警钟，表示全世界的人们需要非常小心地对待这些挽救性命的珍贵药物，避免太过频繁地使用它们。[5]

1951年，芬兰德写道：

> 在医学领域，我们是否像我们的产业界伙伴一样，迅速将最宝贵的资源消耗殆尽？或许，我们太过依赖科学家和工业家的才智，让我们始终保持前进，不走向衰落？只有时间会告诉我们答案。与此同时，好好想想如何更加有效地使用这些珍贵的抗生素，而不总想着用得越广泛越好，这不是更加明智的做法吗？[6]

芬兰德竭尽全力地号召医学界的同行，尤其是外科医生，避免预防性使用抗生素。他目光所及的不只是从业者。芬兰德经常给制药公司提供咨询，他在波士顿市立医院协助监督临床试验时，制药公司客观地评价他既表现出专业性又表现出高效性。然而，在批评医药企业过分积极的市场营销，以及与医师之间不那么透明的种种行为时，芬兰德从不羞涩留情。

然而，在20世纪50年代中期，采取有问题的实践操作的不只有医药企业。还有另一家机构深陷于抗生素相关的腐败丑闻之中：美国食品药品监督管理局。

亚瑟·弗莱明是艾森豪威尔政府的卫生、教育与福利内阁秘书，他知道华盛顿政府如何运作。早在20年前，也就是1939年，他就开始了在政府部门任职的生涯。他受到了两党的广泛支持，广受各政治派别尊敬。但是，1960年6月6日，他在参议院听证会上因为煤炭问题遭人痛斥。

坐在他对面的是参议员凯里·埃斯蒂斯·凯福佛，一位来自田纳西州的民主党人。这位参议员并不在乎亚瑟·弗莱明辉煌的职业生涯或者他在同行中的声望。眼下的问题是FDA抗生素部门爆出了一桩丑闻，让凯福佛狂怒不已。弗莱明和他的团队怎么会失败至此？

处在丑闻中心的人是亨利·韦尔奇。[7] 韦尔奇从1939年起就在FDA工作，和弗莱明开始自己的政府工作生涯差不多在一个时期。1943年，美国的战争准备集中在青霉素的大批量制造上，军队想要确保每一批药物都达到高质量标准。应军队要求，FDA承担起保证质量的任务，在内部成立了一个新的负责青霉素检控和免疫学的分支部门，韦尔奇荣幸地成为部门领导人。随着新药开始进入市场——包括链霉素（用于治疗结

核病）和四环素（用于治疗各种疾病，从霍乱到皮肤感染），该部门的业
务范围扩大到保证所有抗生素的质量。1951 年，该部门正式改名为抗生
素部，而韦尔奇仍然担任领导一职。

· · ·

随着该领域的发展，确保向医学界和科学界传达有价值的相关研究
成果的需求也在不断增加。1950 年，亨利·克劳恩伯格邀请韦尔奇担任
一本新期刊的主编一职。这本期刊聚焦抗生素前沿研究，编辑委员会的
成员是这一领域大名鼎鼎的人物：塞尔曼·瓦克斯曼，亚历山大·弗莱明
和霍华德·弗洛里。担任期刊编辑超出了韦尔奇的政府工作职责，所以
他要获得上级的批准才能同意。他还接受邀请撰写一本关于抗生素的书，
由华盛顿医学院出版。FDA 的领导觉得没有问题，轻易就同意了这两件
事，批准了韦尔奇的请求。据了解，韦尔奇也会因为接受这些工作而获
得应得的酬劳。

1952 年，韦尔奇任主编的期刊的母公司和他那本书的出版商宣布破
产，并将书的版权卖给了韦尔奇和菲力克斯·马蒂–伊巴涅斯博士，后者
最近刚从西班牙移民到美国，并且成为韦尔奇的编辑工作伙伴。两人创
立了两家公司——MD 出版公司和医学百科全书有限公司，将会以崭新
的品牌和猛烈的营销手段出版韦尔奇的书。《抗生素杂志》最初由华盛顿
医学院出版，如今也被马蒂–伊巴涅斯接管，而且由于韦尔奇不是该杂
志的拥有者，所以现在他的酬劳在很大程度上依赖于杂志的运营。[8]

韦尔奇和马蒂–伊巴涅斯还有了新的商业模式，与制药企业有了紧
密的合作关系。他们彼此之间达成交易，在研究文章发表之前，他们就
与制药企业共享论文。如果这些文章符合企业利益，企业就会花钱购买，

并且大量转载。企业还同意通过广告支持杂志的运营。反过来，批评制药企业的文章也会在发表之前被共享出去，许多文章随后被拒稿，随之影响逐渐淡去。随着时间的推移，越来越多的新杂志以同样的经营模式创立并投入运营。

韦尔奇的声望，更重要的是他在FDA作为这一行业的最高监管人的职位，从一开始就使杂志具有权威性，给人一种客观的假象。到了1958年，医学百科全书有限公司每年出版10多期杂志。公司与制药企业亲密无间的关系与日俱增。韦尔奇开始直接向他们征求书籍出版意见。比如，有一次辉瑞公司就对韦尔奇说，它们可能有兴趣购买证明土霉素优势的手稿和专著，因为这种药就是辉瑞研发的。于是，第二年一本以此为主题的书就迅速问世，由MD出版公司出版。

MD出版公司和期刊在1953—1959年期间做得非常好。在那段时期仅广告收入就超过了30万美元，重印销售额将近70万美元，而韦尔奇的个人收入高达30万美元。一直以来，韦尔奇始终保留着自己在FDA的职务，那里的年收入可要比他通过杂志挣到的钱少多了。

到了20世纪50年代中叶，临床医生逐渐关注起期刊偏向制药公司的倾向。有人开始悄悄抱怨在韦尔奇的领导下，该期刊缺乏客观性。一些作者发出抗议，说他们的文章内容遭到了修改，以讨好制药企业。科学品质以及FDA的公信力岌岌可危，越来越多的科学家等待着这一危机的到来。

同一时期，辉瑞公司开始使用"抗生素疗法的第三个时代"这一口号作为市场营销的一部分，大力推销自己的抗生素新配方。1956年，韦尔奇作为抗生素研讨会的主要组织者，也使用了同样的口号。这句口号不仅成为韦尔奇在会议致辞时的开场白，还登上了赫赫有名的出版物《抗生素年鉴》。显然，辉瑞的人授权韦尔奇使用这句话，并且让他用于演讲中，有助于保证这句话出现在年度出版物上。

人们质疑 FDA 和期刊相互勾结，同样受到质疑的还有医疗实践的效力和伦理。面对日益增多的抗生素耐药性证据——包括在青霉素和其他药物的使用中见到的情况，韦尔奇开始推广固定剂量组合的方法，或者组合使用多种药物。这仍然符合医药企业倡导的观点，尤其是辉瑞，也就是"抗生素疗法的第三个时代"。

让我们回到波士顿，此时马克斯·芬兰德怒火中烧。他竭力抨击，指出绝对没有任何科学或者临床证据支持固定剂量组合药物的使用。他甚至更进一步，指责韦尔奇的话只是推荐之词，毫无科学依据。[9]

对于韦尔奇行为言论的担忧与日俱增，但是关于他的故事仍然在很大程度上仅限于传染病临床医生群体。1959 年 2 月，《星期六文学评论》的记者和编辑约翰·里尔捅破了这层纸，把这个故事讲给了公众。在他的文章中，他采访了韦尔奇，后者坚决否认有任何错误做法。韦尔奇坚称没有什么利益冲突，他告诉里尔自己只接受了酬劳，而 FDA 对此事非常清楚。他从来没有透露过他接受的金钱的总额，或者与 MD 出版公司和百科全书有限公司两家公司的利益关系。

里尔的文章，以及随之而来的对韦尔奇和 FDA 的质疑，掀起了公众对科学家和承担抗生素疗效质量保障职责的机构的信任危机，犯了众怒。公众和议员的来信开始涌入亚瑟·弗莱明的办公室。弗莱明启动了官方调查，但进展断断续续，因为韦尔奇的健康每况愈下，而 FDA 拒绝全面追查此事。面对日渐增加的压力，亚瑟·弗莱明采取了行动。鉴于韦尔奇的活动，弗莱明为 FDA 工作人员创立了新的行为规范。

这一丑闻为 FDA 内部有关伦理行为和利益冲突的新政策实施铺平了道路。尽管细菌可能受到达尔文法则的约束，但科学家和制药企业会受到许多其他力量驱动，包括贪婪。FDA 艰难地认识到必须采取果断的行动，不仅要监控药物质量，还要监管人类的行为。

第14章

抗生素的蜜月

　　几十年来，土壤科学家一直在研究那些会给饮用水带来土霉口感和气味的特定细菌。这类细菌被称为放线菌（actinomycetes），名称来自希腊语，意思是"放射线状真菌"。[1] 它们的命名源于其形状，以及它们与真菌的奇异相似性。放线菌还会让土壤散发出霉味儿。[2] 这类细菌最著名的地方在于，就挖掘土壤的肥力和资源来说，它们可要比土壤中其他细菌更有竞争力。它们有助于降解有机物，制造堆肥，在分解昆虫和植物聚合物方面也比其他细菌更有优势。对于20世纪三四十年代的土壤科学家来说，这意味着放线菌能够杀死它们的竞争对手。[3] 长期以来，微生物学家一直想搞清楚，他们是否能够利用这种细菌作为武器来杀死其他致病菌。

　　和发现放线菌潜力关系最密切的人是塞尔曼·瓦克斯曼，他被安葬在马萨诸塞州伍兹霍尔的克罗威尔公墓内。瓦克斯曼的墓碑上镌刻着《圣经·以赛亚书（45：8）》作为墓志铭："地面开裂，产出救恩"。[4] 这句话道出了《圣经》的真知灼见。但它也反映了一条科学原则，对于那个被安葬在那里的人来说，这是科学研究中的试金石原则。瓦克斯曼终其一生都在宣扬，土壤是抗生素最丰富的来源。事实证明他是正确的。土壤仍在持续地制造具有成为非凡抗生素的潜力的新分子。瓦克斯曼一心一意追求自己的信念，致力于拯救生命的科学发现，并取得非凡成就，获得了诺贝尔奖，同时也否认了另外一位同样参与这些发现的科学家的功绩。

和马克斯·芬兰德一样，瓦克斯曼出生在乌克兰的犹太人家庭中。他记得自己成长的环境："一个荒凉的小镇，远远看上去，不过是茫茫草原上的一个小点。"[5] 瓦克斯曼一家也和芬兰德有一样的遭遇，被赶出了俄罗斯帝国的犹太人定居区，部分原因就是19世纪末和20世纪初的反犹迫害。瓦克斯曼一家移民到了美国，那时他已经22岁了，1911年他进入罗格斯大学学习，他毕业之后，在那所大学度过自己几乎所有的研究生涯。从他事业初期开始，瓦克斯曼就对放线菌的治疗潜力非常感兴趣。

从20世纪30年代到40年代初，瓦克斯曼和他在罗格斯的团队做出了有关不同放线菌效力的重大发现。瓦克斯曼既是一位有天赋的科学家，也是一名精明的推销员。他成功说服了制药巨头默克公司出巨资赞助他的实验室，以研发新型化疗药物。资金对保证实验室运转是很关键的，因为筛选土壤的实际工作耗费体力，容易带给人挫败感，而结果往往会走入死胡同。[6]

到了20世纪40年代，实验室的命运发生了变化，当时来了一名新研究生艾伯特·沙茨。沙茨是一个工作狂，常常把自己逼入身体崩溃的危险境地。随着第二次世界大战愈演愈烈，沙茨继续在瓦克斯曼实验室做研究，即使在1942年年底他被征召入空军医疗队也坚持研究。他接受了减薪的安排，一个小时的工资只有一美元。尽管如此，他始终干劲十足。[7]

瓦克斯曼让他检测土壤样本，寻找可靶向对抗结核分枝杆菌的潜在抗菌因子。这和罗伯特·科赫早在半个世纪以前追寻的发现一样扑朔迷离。这是一项非常危险的工作，包括有感染结核病的风险。瓦克斯曼清楚地意识到各种风险，以及实验室并不安全的事实，他让沙茨把实验全部转移到一个地下室中，将任何暴发或者自己接触到病菌的风险降到最低。这个地下室成为沙茨名副其实的家，他在实验室里工作、睡觉、吃东西。

沙茨昼夜不停地工作得到了回报。1943 年 10 月 19 日下午，沙茨发现了一种分子，能够给结核病病原体一记重击，杀死病原体。事实上，沙茨发现的不是药物分子，而是一种细菌。他将其命名为灰色链霉菌，表明其与灰色放线菌的联系。沙茨和瓦克斯曼都知道他们还没有发现一种新的抗生素，但两人都确定他们正处在即将发现的关口。实现这一目标需要开展更多的研究，沙茨更加全身心地投入这一挑战中。最终，沙茨成功提取出二人相信是这种细菌的精华的物质，瓦克斯曼将这个分子命名为链霉素。

沙茨最开始在瓦克斯曼的实验室里尝试链霉素对结核菌纯培养物的作用效果，然后在实验室中的活体动物身上进行了试验。1943 年 11 月，一支来自梅奥医学中心的科学家团队参观了瓦克斯曼的实验室，他们看到了链霉素后非常激动。到了 1944 年 2 月，这项研究变成瓦克斯曼实验室和梅奥医学中心积极合作项目，而沙茨只能靠边站，看着研究工作从新泽西州的罗格斯大学转移到明尼苏达州的罗切斯特。梅奥的科学家团队包括威廉·费尔德曼和科温·欣肖，他们首次给豚鼠注射了结核菌，然后给它们服用药物。全部 4 只豚鼠都活了下来。链霉素被证明是下一颗"魔法子弹"。塞尔曼·瓦克斯曼早就知道，这将会是一个大新闻。

默克公司一开始对于研发这种药物犹疑不决，后来在瓦克斯曼有说服力的攻势下转变了态度。结果就是他相信他们能做到的一切都实现了，在接下来的5年内，由于进一步的检测和试验确认了链霉素的效力，瓦克斯曼成了美国乃至全球的英雄。他是发现结核病治疗方法的人，从后院的土壤中发现了新药物。这个故事引人注目。这里有一位科学家，从在机遇之地寻找庇护的移民，逐渐走出了地位低下的境地，在土壤中发现了最伟大的科学宝藏，成功拯救了人类。

另一方面，沙茨却被边缘化，然后被人遗忘。毕业之后，他十分恼火，因为瓦克斯曼得到了全世界的赞誉，而与此同时，这位德高望重的科学家甚至都没有提及沙茨在发现中的贡献。当沙茨向瓦克斯曼抱怨时，得到的回复使他震惊。1949年1月28日，瓦克斯曼在给沙茨的信中写道："你心里很清楚，其实你和这个发现没有任何关系。"在一个月后寄出的另一封信中，也就是1949年2月的信中，瓦克斯曼甚至用了更加严厉的语气责骂沙茨："因此，你必须非常充分地认识到这个事实：你在链霉素问题解决方案中所做的贡献只是很小的一部分。你只是实验室抗生素研究项目这个大轮盘的众多小齿轮中的一个。在这项研究中，还有很多其他研究生和助理都协助过我，他们都是我的工具，我的左膀右臂，如果你也愿意的话。"[8] 沙茨在瓦克斯曼实验室地下室中以个人安危为代价所花费的时间，如果不算是彻底被抹杀，也是被极度轻视了。

沙茨的挫败感正在慢慢变成愤怒，信件的语气和瓦克斯曼日渐扩大的名气毫无疑问挑衅着他的情绪。沙茨在联邦法院提起了诉讼，状告他的导师。当时瓦克斯曼始终是获批的链霉素使用费的唯一受益人（瓦克斯曼获得20%的费用，剩下80%则归罗格斯基金会）。诉讼判决后，瓦克斯曼的份额减少到10%，有3%分给了沙茨，而剩余的7%则由发现链霉素期间在实验室工作的所有人共享。法院判决保障了沙茨的经济补偿，却无法转化成公众对其在发现过程中发挥作用的认可。瓦克斯曼确信这一点。[9]

1952年，塞尔曼·瓦克斯曼成为当年诺贝尔生理学或医学奖的唯一得主。他骄傲地接受了这一科学界的最高奖项，并且更加侮辱人的是他在得奖感言中一次也没有提到沙茨的名字。瓦克斯曼站到了科学界的巅峰，而因为沙茨对抗国家英雄的公开举动，大家都认为他内心恶毒。沙茨尽管拥有出色的科研能力和成果记录，却无法在任何一家一流的研究机构找到工作。科学界对沙茨不屑一顾，但是他仍然为自己赢得的经济补偿奋斗不已。这场抗争一直持续到瓦克斯曼逝世很久之后。

菲律宾群岛反映了数个世纪以来殖民占领的历史。西班牙人从1566年开始占领当地；美国人的控制则始于1898年，一直持续到1942年，后来诸岛落到了日本人手中。美军在1945年重新夺回了控制权。战争给菲律宾群岛带来了毁灭性的影响，让菲律宾人急切地需要对公共卫生、教育和金融基础设施进行新的投资。

青霉素成为战争中的神奇药物。随着它取得成功，制药企业对发现新的抗生素并将其商用产生了强烈兴趣和投资倾向。接下来的10年正是抗生素发现和商品化的蜜月期，侦察小队和研究人员满世界地寻找新分子。

1948年，阿贝拉多·阿吉拉尔开始在菲律宾中部伊洛伊洛省工作。他是当地的一名医师，还从事另一份工作：美国印第安纳州制药企业礼来公司在菲律宾的医学代表。阿吉拉尔医生的任务是分离出有应用潜力的土壤样本，将它们送回公司的实验室。礼来公司最近正在国际范围内寻找有效的抗生素，搜寻范围不断扩大。和他们的竞争对手一样，礼来公司正实实在在地翻遍全球的每一寸土壤。

1949年，阿吉拉尔从伊洛伊洛省莫洛地区一个公墓的土壤中，找到了一种放线菌并提取了一种药物，类似于瓦克斯曼和沙茨研究的那种。[10] 阿吉拉尔对这个发现感到兴奋，他立刻将提取物带到了公司在马尼拉的联系处。他的提取物只是全球各地送到礼来总部的众多样品中的一份。但是和来自地球其他角落的样品不同的是，阿吉拉尔的样品中有一些特别的东西。该提取物能够有效杀死那些对青霉素有耐药性的细菌。

礼来公司一经确认结果，马上着手申请专利。总部给阿吉拉尔写了一封信，感谢他的伟大发现。为了纪念发现地点，新药的商品名称被定为伊洛素——后来人们广泛地将其称为红霉素。现在世界上除了青霉素，又多了一种替代性药物。礼来公司取得了惊人的成绩，红霉素及时地成为全世界各地使用的主要抗生素。到了20世纪50年代中期，阿吉拉尔觉得自己的功绩被人否定了。他开始坚持自己的主张，要求获得专利使用费。这场长达将近40年的抗争一直进行到他离世，但他彻底失败了。[11]

威廉·M. 鲍牧师非常理解礼来公司不给予阿吉拉尔额外补偿的决心，这位牧师于2006年逝世于俄亥俄州的托莱多市，享年88岁。鲍一生都是神职人员，同时他在礼来公司拥有并推销的另一种重磅炸弹式抗生素的发现过程中发挥着核心作用。

在威廉·鲍离世的56年前，他和妻子与小女儿横渡太平洋，抵达了婆罗洲。鲍听闻有一群被称作达雅族的原住民生活在丛林深处。他感觉受到了使命的召唤，让他去改变达雅族人名为"Kaharinga"的古老宗教信仰，让他们转信基督教。[12]

　　与此同时，礼来公司启动了全球项目：从偏远地区发现新型抗生素，尤其是东南亚地区。来自菲律宾样品的成功进一步加强了公司的信念，让他们认为更多的宝藏有待发现，而他们需要的只是愿意去发掘并寄送样品给他们的工作人员。

　　鲍从拜访教堂的一位信使处听说了礼来公司的项目。他认为，礼来公司想要找到更多挽救性命的药物，这和他的传道工作目的一致。他决定深入丛林，不仅是为了改变达雅族人的信仰，还要助礼来公司一臂之力。当时，他有了愿意给他当向导的达雅族人朋友。在他们的协助下，鲍去了很多树冠密集、阳光几乎无法穿透的地方，那里的土壤中富含有机物质。鲍收集了数种土壤样本，将它们送回了印第安纳波利斯。在那之后，他就忘了这件事，回去继续从事传道工作。[13]

　　来自婆罗洲的样本抵达了礼来公司总部，一名刚从哈佛大学化学系毕业的研究生埃德蒙·科恩菲尔德被指派来分析这些样本。初期结果很惊人。土壤样本中含有一种细菌——东方链霉菌，能够对付所有的葡萄球菌感染，包括那些青霉素耐药菌的感染。然而，事实证明从这些土壤样本提取出关键物质相当困难。这个过程不但漫长，还需要小心使用危险的化学品。但是科恩菲尔德坚持了下来，提取出了活性分子。这种分子溶解之后会产生一种棕色液体，研究团队将其称为"密西西比泥"。这个名字掩盖了他们这一发现的重大意义。该药物被命名为万古霉素，来自英文中的"征服"一词。1958年，美国食品药品监督管理局批准了该药物的使用。[14] 该药物拥有极佳的疗效，但是未能如制药商所期望的那样占据市场。它被另一种神奇的药物淘汰了——1968年马克斯·芬兰德写到的甲氧西林。

甲氧西林是抗生素中的巨星，它在被投入市场之后很快就证明了自己的价值。它拯救了当时好莱坞最著名的女演员之一伊丽莎白·泰勒的生命。[15]《埃及艳后》是1963年的电影票房冠军，但是这部电影在电影院几乎不叫好。虽然电影原本的预算为200万美元，结果成本却超过了4 400万美元，但出现这种情况并非成本原因，真正原因是女主角曾经徘徊在死亡的边缘，因为她感染了严重的葡萄球菌肺炎。在泰勒患病的某个时刻，她的看护人员曾被告知她只有一个小时可活了。泰勒的健康情况恶化到几乎失控的地步，甚至需要切开气管才能帮她呼吸。挽救了她的生命并让她得以继续拍电影的药物，正是甲氧西林。单是这条新闻，就让这种药物牢牢抓住了公众的视线。

甲氧西林是首批半合成抗生素之一。半合成抗生素是指将一种自然产生的抗生素（在此用的是青霉素）进行实验室改良，创造出的药物一部分是天然成分，另一部分不存在于自然环境中，也就是合成成分。甲氧西林不是第一种半合成药物，但它无疑是1959年英国比彻姆制药公司最成功的产品。[16]

甲氧西林是大胆的实验结合了当时制药企业对科学能力的乐观态度的产物。制药公司投入了大量资金，而为企业工作的科学家想出了新思路，使用自然界的基本元素创造新药。甲氧西林被比彻姆制药公司的科学家誉为"皇冠上的明珠"，它能够治疗对青霉素有耐药性的葡萄球菌感染——这是医院常遇到的重要问题。比彻姆公司最初的试验结果就让人印象非常深刻，于是它以最快速度被投入市场。甲氧西林从发现到市场分配仅用了18个月的时间，这个过程换到今天将会需要近10年的时间。

1961年3月12日，《纽约时报》宣布：

上周，头条新闻中女星伊丽莎白·泰勒与葡萄球菌感染殊死搏斗故事的背后出现了反转的戏剧性剧情，这个故事为人们津津乐道，但在生物化学和微生物学的专业圈子内鲜为人知。故事里潜在的受害者不仅仅是一位年轻的女明星，更是上百万普通的男人、女人和儿童，他们的生命受到了一种对青霉素和所有其他近年来生产的"神奇药物"有耐药性的新型致命细菌威胁。

到了20世纪70年代中期，不断产出新一代药物的"水管道"开始枯竭，频繁发现神奇药物的时代走向了终结。到了20世纪80年代，制药企业面临的药物研发机遇不再是抗生素。但是，有一个大大的例外。

拜耳制药公司发现了最赚钱的药物之一，它的问世可以追溯到意大利裔德国科学家约翰·安德萨格。安德萨格在20世纪30年代的时候曾在拜耳工作，当时他发现了氯喹。动物实验表明用在人类身上它的毒性可能太强了，结果氯喹就被弃用了。[17]

过了10年之后，科学家们才捡起这种药物，展开了全面测试。他们发现，氯喹在治疗疟疾方面有着独一无二的效果。[18] 在科学家重启氯喹测试之前的10年内，无数病人的生命被疟疾吞噬。20世纪40年代，盟军重新引入了氯喹，其治疗疟疾的能力得到了肯定。这反过来引起了研究人员对这种药物效力的研究兴趣。

1962年，科学家致力于研发一种更有效的氯喹合成方法，却发现了一种被称为萘啶酸的副产品，由一类叫作喹诺酮的分子构成。这种新化合物拥有抗菌特性，1967年作为治疗尿路感染的药物被投入市场。尽管它奏效了，但又过了10年之后，这种源于安德萨格20世纪30年代发现的改良药物才有了进一步的发展。

1979年，日本制药企业杏林制药株式会社的研发部门申请一项基于喹诺酮的药物衍生物专利。获得专利的新药物分子的核心部分附着一个氟原子，因此被命名为诺氟沙星。[19] 该药物效力非常强劲，靶向的正是甲氧西林耐药菌。1981年默克公司获得了这种药物的生产许可，其他公司也一直尝试研发出各自版本的氯喹，但当其他衍生分子被一一创造出来的时候，他们发现没有一种衍生物的效力比诺氟沙星更强。随着科学家往药物加入氟原子，一类新型抗生素进入了市场。这类药物将氯喹、喹诺酮和氟结合起来，被命名为氟喹诺酮。[20]

氟喹诺酮的效果要比萘啶酸好得多。大型制药企业抓住了有利可图的潜在商机，开始投入大笔资金，看看还能用氟喹诺酮做些什么。与为竞争对手工作的同行们一样，拜耳的科学家也尝试分析各种组合和附着新原子的可能性。

1983年，拜耳的科学家最终发现了一些比现有成分更好的东西。他们发表了自己的研究数据：新分子"拜耳09867"要比其他任何氟喹诺酮药物的效力强上近10倍。[21] 更重要的是，它还能有效对抗一种革兰氏阴性菌导致的细菌性感染，这是一种叫作假单胞菌的杆状细菌。假单胞菌喜欢生长在水中、土壤中或者潮湿的环境中，能够在人体内引发感染，包括尿路感染。

基于"拜耳09867"研发的药物被称作环丙氟哌酸，很快就有了后来为人熟知的名字——环丙沙星。就在氟喹诺酮投入市场后的一年内，拜耳的销售业绩很快就让所有的竞争对手相形见绌。到了2001年，它每年为拜耳带来25亿美元的全球销售额。[22]

但人们始终没能学会最基础的一课，就是亚历山大·弗莱明爵士阐明的那一课。全世界接受了环丙沙星，就和接受以前的许多药物一样。用药热情广为传播，一些人甚至宣称，耐药性的时代很快会过去。当然，他们错了。在不到10年的时间内，全世界几乎每个国家都在人体和动物体内发现了环丙沙星耐药性。早在1990年，对环丙氟哌酸及其他同类分子的耐药性报告就大量出现在医学文献中。[23]

　　抗生素相关科学研究快速而惊人的发展开始于20世纪四五十年代，一批又一批的新型强效抗生素源源不断地诞生，被用于治疗一系列耐药性感染。这个时代正在走向终点。新型药物的研发困难重重，甚至其中最好的药物也无法持续很长时间，很快就失去效力。科学界需要想出其他的解决方案。但在此之前，另一个问题浮出水面。耐药性不仅仅遗传自前代细菌，还可能从完全不同类的细菌那里获得。有些细菌正在变成超级细菌，它们同时对很多药物具有耐药性。人们对控制这一发展势头的机制一无所知，直到一个名叫约书亚·莱德伯格的人出现为止。

第15章

让细菌交配

约书亚·莱德伯格来自历史悠久的拉比家族，家人也期盼他能够遵循家族传统，但是他个人有着与此不同的人生兴趣。[1] 在他10岁的时候，约书亚告诉自己的父亲，他内心向往科学，而不是神学经典。他的父亲让他安心：所有追求真理的工作都是上帝的造物。

在他的一生中，约书亚会做出一系列改变整个微生物学领域的发现。其中第一个发现出现在他的研究生涯的早期，也是这一发现为他赢得了诺贝尔奖。作为一名研究生，莱德伯格为自己的导师爱德华·塔特姆工作，两人共同发现了一种细菌交换物质的方式。[2]

通过一系列简单且优雅的实验，莱德伯格证明了细菌细胞也能实现和其他复杂生物一样的两性繁殖行为。当两种不同类型的细菌相遇之时，就会发生这种被称为"接合"的行为，其中一个细菌（供体）的DNA转移到另一个细菌（受体）内。细菌接合现象的发现扩展了细菌学领域，人们意识到遗传信息不再只是由亲代细胞遗传给后代细胞，还可以由一种细菌水平地传递给另一种细菌。这表明细菌能够共享它们对某种抗生素的抗性，不仅和自己的后代共享，还能分享给对该抗生素同样易感的其他细菌。[3]

在改造细菌遗传学领域的道路上，莱德伯格没有停下脚步。他和自己的研究生及同事们一起，在20世纪50年代早期做出了一系列其他发现，甚至揭示了细菌交换遗传信息的其他方式。这次，细菌并不是通过直接接触，而是通过噬菌体病毒实现信息交换。这种遗传信息的传递方式被命名为转导。[4]

与此同时，1952年莱德伯格还发明了"质粒"一词，来定义容易从一个细胞移动到另一个细胞内的DNA。这些DNA既不是拟核的一部分，也不在染色体上。这是垂直移动（亲代遗传给子代）和水平移动（从一种细胞到另一种细胞）的结果。

质粒从根本上颠覆了耐药性现象，并将其复杂化。然而，对于异常多产的莱德伯格来说，这只不过是他众多发现中的一个而已。质粒和耐药性之间的联系是20世纪50年代末太平洋另一边的研究人员发现的。

• •• •

深泽敏夫无法忘记1945年7月7日这一天。[5]那年他16岁，那天美国B–29轰炸机投掷的燃烧弹轰炸着他的家乡，炸弹爆炸和燃烧的声音一直在他脑中回响。顷刻之间，他的家被大火夷为平地。同样让他铭记于心的还有自家姐妹的伤口，烧伤让她不得不住院接受后续的感染治疗。据深泽回忆，正是千叶陆军医院地下室研发的青霉素挽救了她的性命。

自那之后，深泽与抗生素之间不仅有了私人联系，也有了职业联系。由于受到自己深爱的祖国饱受战火折磨的影响，深泽最初想要成为一名核物理学家。他想要搞清楚为什么广岛会有那么多人死于一次核爆炸，他们又是如何死亡的。但他没能通过成为核物理学家的入学考试，之后他重新考虑了自己的学业兴趣。医学是他兴趣名录上排行第二的学科，这次他通过了必要的考试。从医学院毕业后没多久，他获得了一个无薪实习生的职位，与一个名叫渡边力的人一起工作，渡边性格安静，说话也柔声细语。

传染病是战后日本面临的主要挑战。战争的肆虐破坏了这个国家的基础设施，而痢疾再次引起了人们的关注。但是，和痢疾再次暴发关系密切的正是磺胺类药物的耐药性。自 1957 年起，日本科学家已经知道，引起细菌性痢疾的菌株不仅对磺胺类药物有耐药性，还对多种一线抗生素都有了耐药性。比如，一名曾在中国香港生活过的日本人 1955 年返回日本后，就出现了痢疾症状。更让人警觉的是，抗生素的标准疗法在他身上毫无反应。

负责治疗他的医生们熟悉不断增强的抗生素耐药性，于是决定培养来自患者体内的细菌。让他们感到意外的是，他们发现该菌株对 4 种不同的药物产生了耐药性：链霉素、四环素、氯霉素和磺胺。在 1955 年之前，日本从来没有报告过像这样对 4 种不同抗生素具有耐药性的菌株。但在接下来的几年内，这样的病例在增加，1957—1958 年间，类似的耐药性病例仅在东京一地就增至 4 倍。

除了莱德伯格在研究细菌接合之外，很少有科学家对此足够了解，结果就是很少有人怀疑耐药性可以从一类细菌传给另一类细菌。这种情况将会发生改变，而深泽准确地指出了这一变化发生的节点：1959 年的日本细菌学会年会。在这次年会上，科学家木村定雄报告了最近的研究成果，其中的结论让人大吃一惊。事实上，很多与会者都表示质疑。

木村的实验相当简单。他将两种不同的细菌混合在一起：一种细菌是志贺菌，对四环素、氯霉素、链霉素和磺胺都有耐药性；另一种细菌是大肠杆菌，对所有这些药物都很敏感。木村将混合培养物静置了一晚。

到了第二天早上，大肠杆菌变得和志贺菌一样，对同样的药物都有了耐药性。

在这些实验之前，世界上大部分科学家都相信，细菌通过随机突变产生了耐药性，然后突变的菌株面对抗生素的攻击时存活下来，将突变遗传给了自己的下一代。没有耐药性的菌株都灭绝了，有耐药性的才能生存下去。最终剩下的只有具有耐药性的菌株，但这一过程应该是漫长且随机的。耐药性一夜之间在两种细菌间传递，这种观点让人难以置信。

木村最初的假设是发生了某种转导作用，或者这一过程通过噬菌体进行（也就是莱德伯格发现的过程）。为了验证自己的假设，木村又做了另一项实验。他想要证明：如果大肠杆菌获得了志贺菌的耐药性，只能是通过病毒而不是菌株转导做到的，实验结果否定了他的想法：噬菌体并没有参与其中。看来这两种不同细菌之间发生着更为直接的接触。

木村的兴趣被激发出来了，也非常关注这个问题，并着手研究，想确认两个菌株之间发生的现象只是一次观察的结果，还是在其他情况下也会出现的反应。他从大学同事那里找来了其他菌株，其中一些是携带耐药性的大肠杆菌，而另外一些则是对药物敏感的大肠杆菌。木村将两个菌株混合在一起。第二天，当他检查结果的时候，他发现所有的菌株都产生耐药性。

木村的结果挑战了当时固有的认知，但他无法解释清楚到底发生了什么。尽管如此，深泽还是听得目瞪口呆，其他观众也是。这些结果表明了两件事情。第一，细菌菌株能够感染其他菌株。第二，更麻烦的是，细菌可能会对不曾用在它们身上的药物产生耐药性。坦白地说，细菌拥有了领先抗生素一步的机制。

深泽去找自己的老板渡边力，渡边对此也很感兴趣。这两位科学家决定先重复木村的实验。他们去了日本国立传染病研究所，那里收藏着大量耐药性志贺菌。他们得到了那些样本，并且与自己手中没有耐药性的大肠杆菌和鼠伤寒沙门菌混合在一起。他们的结果复现了木村所报告的结果。耐药性确实从一个菌株转移到了另一个菌株。

在接下来的几年内，渡边和深泽展开了一系列实验，想弄明白到底发生了什么。这真的是通过细胞与细胞接合发生的基因转移吗，和10年前莱德伯格看到的一样吗？答案相当明确。罪魁祸首就是质粒，这种自我复制的DNA分子能够从一种细菌传到另一种细菌。他们将质粒命名为R因子（R是"耐药性"的英文resistance的首字母）。

研究结果仅以日文发表，几乎传遍了日本，却没有立刻传到西方学术界。为了补救这一缺漏，在20世纪60年代，渡边撰写了一系列文章，首次向西方学术界介绍了R因子如何导致多重耐药性的产生。[6]

他们的发现震惊了全球的学术界。耐药性不再只是通过遗传或者随机突变获得。为了获得耐药性，某种特定细菌甚至不用与抗生素接触一下，就能获得耐药性。达尔文式演化论不再是让细菌变得有耐药性的唯一途径了。事情远比这些更复杂。病原体和有效药物的战斗中出现了一条新阵线。要解决耐药性问题，不能只是简单地制造新药，而是需要更加深入地了解生物学的另一个分支领域：遗传学。

第16章

遗传学与抗生素

1948年，时值9月。一场新的冷战正在第二次世界大战的阴影下开启。世界很快分为两大阵营，一方处于西方影响下，而另一方则为苏联所管辖。与此同时，在苏联科学界，遗传学不仅被宣判为资产阶级思想，还被视作苏联社会的威胁。而推动一切针对遗传学的责难的人，正是特罗菲姆·李森科。[1]

尽管李森科没有接受过任何正式的遗传学教育，甚至没接受过任何科学教育，但他设法搞出了一套苏联的遗传学。他关注的焦点不是感染或者人体，而是农业。他的主要主张在思想上相当怡人，他认为即使农作物处在最恶劣的环境中，只要给它们提供适当的生长条件，就会得到最高、最丰富的农作物产量。

斯大林以强制性手段推进农业集体化，而李森科对这一政策的支持极大地巩固了他在苏联的地位。李森科为人冷酷无情，野心勃勃，随时准备好指控他人支持西方科学家、支持帝国主义宣传，让自己成为一个令人害怕的人物。

马克思的思想和遗传学的主要发现不一致，至少与遗传学当时在西方经过研究并被人所理解的结果有差别。遗传学强调有益的性状会从一代传给下一代。但李森科驳斥了这一观点，声称自然遗传机制并非如此。他接着说，只要处在正确的条件下，自然就能够被调教。李森科和他的拥趸宣称，植物只要处于适宜的条件下，就能产出最好的果实，无论它们先前所处的条件多么严酷和不适宜生长；类似地，人只要接触正确的思想，也会如此。

　　　　　　　　　　．　·
　　　　　　　　·　·
　　　　　　　　　　·

　　李森科的思想牢牢吸引了以斯大林为核心的政府，他们也不在意李森科没有什么正式的科学教育背景。事实上，这样的思想来自普通人，正好表明这些观点在意识形态上有多么完美，甚至是完全合理的。李森科在党派中的强势地位得到进一步巩固，当科学审查与西方对他的观点的反对相比时，前者显得没那么重要。

　　西方批评李森科是个伪科学家，苏联则坚定不移地支持他。到了20世纪30年代末，李森科得到了斯大林的全力支持。李森科利用这一优势来消灭任何对他的发现的严肃科学质疑，其中包括了败坏著名的生物学家、苏联遗传学之父尼古拉·瓦维洛夫的名声——他也曾当过李森科的导师。瓦维洛夫在国际学界享有很高的声望，但他不断反对李森科，让苏联政府越来越无法容忍。1940年他遭到了逮捕，1943年瓦维洛夫死在监狱中。

　　可以说，1948年9月李森科的影响力达到了巅峰，他主持了一场苏联医学科学院主席团的特别组会。[2] 会议通过了一项决议：任何反对李森科的人都应该被从科学院中除名。这项决议其实有一个明确的目标人物，而这个人当时并没有出席会议。他就是莫斯科抗生素实验室的领导人、苏联科学院成员格里高利·弗朗特斯维奇·高斯，那时他的工作已经不受苏联政府信任了。[3] 苏联报纸《真理报》指控他是英国间谍。当时已有数千人因此被逮捕并被执行死刑。

20 世纪 40 年代，高斯在苏联科学界非常出名。他在生态学和演化生物学方面的研究得到了高度评价。在 20 世纪 30 年代中叶，他提出了一套关于物种竞争的理论，称之为生存斗争。高斯正确地指出，两个物种为同样的有限资源竞争时，不会始终保持各自的种群数量水平。到了某一时刻，拥有优势的一方——无论这优势多么微小——都会战胜另一方。

到了 20 世纪 30 年代末，已经临近第二次世界大战爆发的边缘，高斯将自己的注意力转向抗生素。1942 年他和妻子玛丽亚·卜拉日尼科娃一起研究发现了一种新型抗生素。新药是从短短芽孢杆菌中提取的，实验证明它对杀死金黄色葡萄球菌有着显著的效果。高斯将自己的发现命名为"短杆菌肽 S"，这个"S"表示对它作为苏维埃产品的致敬和认可之意。1946 年，他获得了苏联的最高公民奖——斯大林奖。[4]

除了青霉素以外，短杆菌肽也是苏联战时的主要资源。由于迫切需要治疗感染的有效方法，苏联快速地大量生产短杆菌肽，并且在所有的苏联医院中使用。1944 年，短杆菌肽还通过红十字被送到了英国，运送这批产品的原因正是战争的紧迫需求。苏联需要确认药物结构，这样才能更大批量地生产和提纯药物。然而，4 年之后，这批被运往英国的药物成为指控高斯与帝国主义势力和敌国政府勾结的证据。

·　·　·

就在苏联科学院通过开除高斯决议的当天，高斯接到了一通电话。打电话的人没有讲出自己的身份，高斯也没有询问对方。电话传递的信息要比传递者的身份更重要。信息足够简单："继续去你的办公室工作，这样你才安全。"[5] 高斯第二天出现在了自己的实验室，继续完成自己的工作，接下来的40年里也都如此。尽管当时意识形态的疑云始终笼罩在他周围，但是短杆菌肽S对于苏联的安全而言太重要了，因此这位科学家得以继续从事自己的研究，不受打扰。

高斯的抗生素研究一直进行着，从20世纪50年代一直持续到70年代。他的研究继续获得国际关注，而李森科的思想早已消失得无影无踪。及至1986年5月2日高斯逝世，短杆菌肽S早已是苏联生产量最大的抗生素。

高斯的发现极其重要，随之而来的名望给他提供了某种保护，使他远离当时的政治环境。在细菌和人类之间这场更大的斗争中，政治限制最严苛的社会反而无意间给出了一线胜利的希望。

1978年，一位来自令人畏惧的民主德国国家安全部（通称"史塔西"）的年轻官员拜访了沃尔夫冈·威特的实验室，并和他进行面谈。[6] 尽管威特事先被告知了这次拜访，但他也必须对此保持警惕。拜访者问了威特有关他近期去蒙古的几个问题，当时的蒙古是苏联的卫星国。

具体来说，这位官员想知道威特对于苏联在蒙古管理的金黄色葡萄球菌感染疫苗的看法。他提醒威特，蒙古医院控制感染的努力是基于苏联政府给出的指导建议进行的。然后，他一针见血地问威特为什么批评这个项目。当时民主德国的官方口号是："向苏联学习，就是向胜利学习。"难道威特不知道这些吗？

威特当然知道，但是他也知道疫苗效力的数据是伪造的，而苏联声称该疫苗几乎不会有任何副作用。威特和他自己的上司已经接种了"高级版"的苏联疫苗，并且亲自经历了之后的副作用——高烧和持续打冷战，情况一度相当糟糕。

在从蒙古飞回民主德国的长途飞行中，威特与一位旅客聊天，说他现在已经非常后悔这么做了。当时威特非常放松，他们的礼貌性对话转入了职业话题。他分享了自己对苏联疫苗运动的想法。现在事情很清楚，那位乘客就是史塔西的信息源头。

和史塔西官员的面谈时间很短，威特始终保持镇定。他知道他说的每一个字都录了音，他甚至能看到缝在史塔西官员外套里面的录音机。威特反应迅速，他抓住这个机会告诉那位官员，作为一名良好公民，他必须诚实。这是一场赌博，在民主德国说得太多往往得不到善终。但这次，威特的话奏效了。

史塔西官员离开了，之后没有人跟踪威特。到底是因为威特机敏的回答、观察的准确性，还是因为他的个人声望，都不得而知。唯一清楚的是：威特当时是研究抗生素耐药性问题的知名科学家。他的研究发现可谓意义深远。

威特出生于1945年，从小就没有父亲的他在哈茨山脉的一个村庄里长大，进入当地的天才学校读书，这类学校通称为"大学预科"。他后来进入哈雷大学学习生物学。他不仅专注于专业学科学习，还修读了马克思主义–列宁主义的必修课程。

到了20世纪60年代中期，40年代被视作资产阶级话题而受到压制的遗传学研究在民主德国得以复兴。许多学者转而认为这是生物学领域中一个蓬勃发展的研究课题。到了1969年，哈雷大学要威特留下来担任遗传学系的助理教授一职，于是微生物遗传学在民主德国开始发展。

但威特知道自己在哈雷大学的晋升机会渺茫，他必须离开。运气总会来临，威特的一个学生是赫尔穆特·莱西的儿子，而莱西是实验流行病学研究所（简称IEE）的所长。1973年，研究所的一个职位公开招聘，工作地点在韦尔尼格罗德，离威特长大的地方不远。他提出申请，并且得到了这个职位。

这家研究所属于民主德国国家公共卫生系统的一部分，最初只关注公共卫生问题。几年来，它已经成为民主德国的国家流行病学中心和抗生素耐药性分析中心。和其他与苏联友好的国家相比，虽然民主德国在很多方面，尤其是经济方面，能够吹嘘一下自己的实力优势，但它远远落后于联邦德国。在许多方面这都是事实，包括在科学方面。尽管制药产业在联邦德国蓬勃发展，在民主德国却相当落后。与联邦德国的十几家企业相比，民主德国只有两家制药厂，一家在耶拿，另一家在德累斯顿制造些许抗生素。早已引入联邦德国的药物，比如甲氧苄啶，要等上好几年才能进入民主德国。但大多数进入民主德国的药物都来自其他地方：红霉素来自波兰，苯唑西林来自苏联，庆大霉素来自保加利亚。在20世纪80年代末，从日本传来了头孢替安，从联邦德国传过来了环丙沙星。事实上，民主德国和联邦德国差异明显，可以通过必要的强效抗生素资源看出来其中的差异。比如，在英国、美国和联邦德国很容易就能买到的糖肽类药物，在民主德国却是稀缺药品，这反过来影响了患者的治疗方式。

民主德国的卫生机构意识到自己国家的药物短缺问题，于是建立了一套严格的处方规范制度。抗生素被划分为三大类。A类药物处方很容易开出来，凭处方就能够在当地的药房中购买。B类药物需要资深医师在处方上签字，而且开处方的医生要填写一大堆文件。C类药物处方则需要医院高级领导签字，而且几乎所有的C类药物都是进口药物。结果，需要这些二线抗生素的患者常常无法获得药物。

就像知道抗生素短缺是一个严重问题一样，威特还知道从20世纪50年代初起金黄色葡萄球菌对抗生素的耐药性在不断增强。[7]在民主德国的母婴医院，感染越发频繁。考虑到战后几年内不断下降的生育率，民主德国政府创立了奖励机制，鼓励市民生育更多的孩子。奖励机制奏效了，怀孕率也上升了，但政府没有足够的资金去改善日渐拥挤的母婴医院的卫生条件。资金匮乏导致了乳腺炎的高发病率，这种感染会让乳腺组织产生炎症。资金匮乏还导致了基础设施的崩溃，恶劣的卫生状况和拥挤不堪的病房促使感染快速传播开。初步研究结果表明，引发传播的正是一种对多种药物产生耐药性的金黄色葡萄球菌菌株。

民主德国国家卫生研究所领导菌株分类工作，负责研究感染暴发情况。威特负责研究的正是暴发原因，他把大部分时间花在查看来自民主德国各地不同医院的患者临床样本上。他的实验室成为国家葡萄球菌参照中心，而他的核心工作就是追踪具有抗生素耐药性的金黄色葡萄球菌菌株的源头，这些菌株突然出现在多家医院内。他的团队还调查发现一个令人不安的现象，证明这些菌株正从医院里扩散出来，进入了当地社区。

威特团队很快联合全国的诊断性实验室，建立起网络，这样他们就能够持续监控细菌性病原体抗生素耐药性的情况了。然而，有一个反复出现的挑战。高效的诊断设备能够测量细菌对特定抗生素的易感性，而这些设备都是由知名国际供应商生产制造的，但是由于资金来源有限，他们无法进口这种设备，于是他们不得不在民主德国自行生产本土产品。这些本土设备无法持续可靠地运行，以至于结果常常不一致。

除此之外，威特和他的团队还要面对另一项挑战。他们知道，如果能够在西方科学期刊上发表自己的研究发现，这将是最好的检验方式。但是，在威特去找西方期刊发表之前，他必须证明类似的论文早已经发表在民主德国甚至是苏联的期刊上。尽管存在着这些负担，民主德国国家卫生研究所仍然负重前行。

· ·
· ·

威特对人体内和非人类动物体内的金黄色葡萄球菌都很有研究兴趣，这让他跻身民主德国研究的前沿，也解释了为什么1978年他有机会去蒙古人民共和国。那个国家很贫瘠，资源极为有限。蒙古国能够获取的药物数量甚至比其他苏联卫星国更有限。

威特走遍蒙古国各地，搜集样本，尝试确定那里的病菌耐药性程度。为了获得样本，他必须获得当地安全机关的准许证，但他没有拿过，不过威特有一封蒙古国警察局局长的批准信。威特把这封信塞进自己那件旧皮夹克的口袋中，启程返回民主德国。就在他等候返程飞机登机的时候，安全保卫人员要求他出示样本批准文件。威特提供了信件。

威特被安排坐到安全保卫人员给他预定好的位置，威特最初的担忧消失了，他在飞机上开始放松下来。在那时，他对着同行的乘客打开了话匣子，也就是那个告密者。他和那个坐在他旁边的告密者随口一聊，最终把史塔西引到了他的实验室。

威特在蒙古国的样本中发现了减弱的抗生素耐药性，那个国家的贫困让他们无法随意获取或者广泛使用抗生素，结果那里的细菌就不太容易产生耐药性。此外，蒙古国是一个偏远的国家，和世界其他地方少有交流接触，由于国家的孤立性，耐药性感染不太可能传到他们那里。

尽管民主德国比自己西边的邻居要穷很多，但它远比蒙古国富庶。[8]在民主德国为数不多的几种蓬勃发展的农业产业中，猪肉产业居于首位。

对威特来说，这一现象提出了一个挑战。民主德国的猪肉产业专门使用一种含土霉素的饲料，这种抗生素添加物促使动物长得更快，这样在更短的时间内就能产出更多的猪肉。这种抗生素也被用来治疗病人。威特很肯定，如此广泛地使用抗生素，会导致耐药性人和动物体内快速传播。威特及其团队的理论遭到了猪肉业界的轮番挑战，但是他们还是让自己的忧虑广为人知。最终，威特和国家流行病研究所成功了。研究所成功说服政府，让用来促使猪生长的抗生素不用在人类身上。之后，人们给猪用了一种不会给人用的土霉素，这样就不会在人和猪的身上产生对抗生素的交叉耐药性。

民主德国物资的匮乏迫使医生们以谨慎理性的方式使用有限的抗生素，并采取感染控制措施，防止耐药性的传播。国家流行病研究所还协助建立了一个单独的行政机构，来决定如何在人体治疗、兽医药学和农业中使用抗生素。

民主德国的一些公共卫生政策取得了良好的效果。由于资源有限，民主德国创立并采用了"同一种健康"（One Health）政策：在同一健康框架内管理动物、人类和环境卫生。这种"同一种健康"的思路在民主德国创立之后又过了30多年，才在西方世界流行起来。到德国统一之时，民主德国的耐药性比例要明显低于它那更富裕的联邦德国"兄弟"。

第17章

海军感染之谜

在冷战割裂的世界的另一端，一名年轻的医生金·K. 霍尔姆斯中尉也面临着越来越多的耐药菌感染病例带来的挑战。通过自己的研究，霍尔姆斯意识到，发现新的预防感染传播的途径和发现新系列抗生素一样关键。

最近，霍尔姆斯刚应征加入海军。作为一名哈佛大学研究生，他继续学习，在康奈尔大学威尔医学院获得医学博士学位，之后在范德堡大学一个颇有名望的实验室获得实习资格。[1] 当他还在范德堡大学的时候，海军招募官、上校赫伯特·斯托克林给霍尔姆斯打了一个电话，告诉他很快将被征召入伍参加越南战争。霍尔姆斯将被送往莫哈维沙漠，成为公共卫生服务军官团的一分子。但是，霍尔姆斯对公共卫生部队没有兴趣，所以他开始讨价还价。他告诉斯托克林，自己很愿意服役三年，而不是政府要求的两年，前提是他能够驻扎在夏威夷或者菲律宾——在那里他能够研究传染病。斯托克林同意了。

所以在越南战争期间，霍尔姆斯一直驻扎在企业号航空母舰上，这艘航空母舰有着辉煌的历史。在美国历史上，企业号这个名字曾属于那些特殊的舰船：有8艘美国海军战舰被授予这个名字，其中第一艘是美国在1775年截获的英国战舰。在越南战争最激烈的时候，这个名字被授予美国最引以为傲的战舰之一——有史以来第一艘部署在太平洋的核动力航母。霍尔姆斯被分派到企业号的预防医学部门，在那里医生们遇到了水手之间反复感染的问题。

霍尔姆斯被要求一部分时间留在珍珠港，而另一部分时间待在船上。在珍珠港的时候，他找到了一位曾在哈佛工作过的讲师克莱尔·福尔索姆，福尔索姆目前在夏威夷大学领导一个微生物实验室。当金要求加入实验室的时候，福尔索姆博士欣然同意。在那里的时候，霍尔姆斯开始向夏威夷大学的研究人员学习流行病学知识。

不久之后，企业号航母停靠在了菲律宾的苏比克湾。苏比克湾在马尼拉市的西北面，距离首都60英里（约96.5千米），规模和新加坡差不多。当霍尔姆斯抵达的时候，越南战争进行得如火如荼，苏比克湾也经历了改造。它不仅仅是美军建立的海军基地，本身自成一个世界。[2] 它是有史以来建造的最大后勤基地，也是战时运输和军队调配的枢纽，这意味着那里挤满了军队人员。当时曾有超过40多条舰船停靠在苏比克湾，仅1967年就有超过400万海员暂留海湾，他们要么即将奔赴战场，要么开拔回乡。[3]

当地聚集着如此大量的军队服役人员，给地方贸易和经济带来了繁荣的发展。海军军人只要一不当值，就会去城里泡酒吧，逛夜店，流连妓院，有时整个周末都待在那里。然而，一回到船上，许多人开始因为尿道分泌物去找医生看病，海军医生很快就诊断出是淋病。当霍尔姆斯抵达企业号的时候，感染的海军人数正在攀升，人们对此很担心。

　　医生们推定所有的病例确实都是淋病，因此在这种条件下他们遵循当时的常规治疗手段操作，给感染的军人们开青霉素。但当霍尔姆斯开始工作的时候，已经有将近一半的人对青霉素治疗没有反应了。

　　霍尔姆斯发现，药物失效的比例高得令人担心。他收集了尿道分泌物样本，把它们带回自己在夏威夷的实验室。当他研究分泌物培养物，试图理解为什么标准青霉素疗法失效时，他很惊奇地看到有一半的分泌物证明感染者得的根本就不是淋病，事实上他们得的是非淋菌性尿道炎，是由其他病原体而不是淋球菌引发的感染。然而，另一半患者得的确实是淋病，但表现出强烈的耐药性。在苏比克湾医生见证的治疗失败，一部分是因为误诊，而另一部分则是因为耐药性。[4]

　　霍尔姆斯很轻易地解开了谜题的第一部分。一些人表现出类似于淋病的症状，但其实是一种对青霉素不敏感的感染在折磨他们。这些病人只需要服用另外一种药物就可以了。

　　更大的问题则是，为什么感染了淋病的军人对青霉素没有反应？霍尔姆斯不仅仅要做一名预防医生，也不只是要成为一名微生物学家。他更需要成为一名现场流行病学家，换句话说就是成为一名疾病侦探。霍尔姆斯接下来要做的事情将会远远超出美国海军在苏比克湾的治疗指导方针，它将在整个世界范围内改变耐药性淋病的治疗方针。

　　霍尔姆斯开始在苏比克湾的一个主要定居点展开自己的现场调查。奥隆阿波是将近 5 000 名性服务者的居住地，每天约有250人会出现在镇上的一家诊所内接受每月例行的健康检查。病人们排着队去看病，运营这家诊所的是一位女医生。霍尔姆斯知道，如果他希望了解疾病在海军之间传播的原因，就必须从这家诊所开始调查，因为性服务者们在那里进行健康检查。

这位当地医生使用一个内窥镜——一种阴道检查的标准工具——进行检查。为了提高效率，她在身边放了一大桶水，每做完一次检查就用水涮洗一下。于是，她就用这种方法，一个接一个地检查患者，并用同一桶水清洗内窥镜。霍尔姆斯观察医生诊所的时候，发现了第一条线索。医生的检查操作，尤其是那桶水，是在性服务者和海员之间传播的感染的主要来源。

这就解释了感染的传播途径，但没有解释细菌耐药性的来源。霍尔姆斯转而调查那些医生开给就诊妇女的药物。对于那些表现出淋病症状的患者，标准的治疗药物是苄星青霉素，而不是普鲁卡因青霉素。这两类药物的区别在于前者释放的剂量低，能够在患者体内留存很长时间；而后者释放剂量高，很快就会被排出患者体外。苄星青霉素是治疗梅毒的理想药物，因为它引发耐药性的可能性更低。治疗这种疾病需要一种长效药物，而不是很快离开身体的药物。另一方面，由于耐药性不断增强，治疗淋病需要使用快速起效的药物，而且不能在体内留存太久，否则会为耐药菌提供进行自然选择的机会。霍尔姆斯清楚两种药物在体内的作用机制，他很担心医生给淋病患者开了苄星青霉素，而不是普鲁卡因青霉素。

霍尔姆斯发现了第二条线索。他看见医生开了错误类型的青霉素处方给性服务者，结果就像滚雪球一般，在苏比克湾出现了淋球菌的大面积传播。耐药性意味着细菌能够在开出的低剂量处方用药中存活下来。[5]霍尔姆斯必须再检查一件事，然后才能确定耐药性产生的原因。他去了社区药房，询问性服务者们是否自己跑去买没有开处方的抗生素（比如

苄星青霉素）。他的预感是正确的，药房一直给性服务者提供苄星青霉
素。不仅这种感染正在传播，而且医生给性服务者开了错误的药物，导
致了耐药性的产生。随后，自我诊断和过度使用同一种错误药物使得问
题更加严重。

现在，霍尔姆斯解开了谜团，是时候启程回企业号汇报自己的发现
了。他迅速提出了三点建议。首先，他让海军购置了近250个内窥镜，
每天医生看一个病人就换一个用。接下来，他还让海军购买了一台高压
灭菌仪，这种机器能够在一夜之间清洗所有的工具，为第二天继续使用
做好准备。他的第三个建议是在船上建立一套革兰氏染色法机制，这样
医生们就知道是哪种细菌导致了感染。这将会快速保证海军们得到正确
的诊断，从而使他们得到更好的治疗。

如果病人患上的是非淋菌性尿道炎，他就会得到四环素治疗。如果
他确实患上了淋病，那么他会接受普鲁卡因青霉素治疗，并配合丙磺舒
使用，或者是四环素配合丙磺舒。霍尔姆斯建议使用这种额外的药物，
是因为虽然青霉素有疗效，但很快就会被排出体外，而丙磺舒能够保证
高剂量的药物在体内留存足够长的时间，以彻底治愈感染。新的治疗体
系一构建完毕，海员们的情况就开始好转。耐药性淋病患者的数量直线
下降，而检查室内交叉感染的情况也急剧减少。[6]

战争和冲突总是伤害和感染的前兆，在前线拯救战士生命的愿景常
常是医学进步的催化剂。事实上，像霍尔姆斯这样的调查被证明是人类
和细菌抗争的必要手段。到了1967年，他预感到自己的发现将取得一定
成果。他的发现促成了感染筛查方案以及药物处方特定组合的出现，而

且这些一直沿用至今。但是只要细菌持续演化，耐药性就始终是一个重要挑战。

20世纪60年代，霍尔姆斯和菲律宾以及它的人民建立了特殊纽带。20世纪90年代，他决定重返这个岛国，虽然越南战争已经结束，但战争的后遗症仍然以一些明显的方式持续存在——还有其他不那么明显的方式。霍尔姆斯和他的同事回到菲律宾，是为了进一步调查性服务者群体中对抗菌药物的耐药性情况。他想要了解疾病模式是否传播出去了，以及这些性服务者们在20世纪90年代的健康护理手段与60年代相比是否有变化。这个调查团队发现，在两年的时间内（1994—1996年），对于革兰氏阳性菌和革兰氏阴性菌感染，菲律宾性服务者针对当时最强抗生素环丙沙星的耐药性比例已经从9%上升到49%。[7]拜耳公司为解决耐药性问题而推销的这种药物，现在已被证明效果越来越差。

第18章

从动物到人类

拉普拉塔河巴拉那河是南美洲仅次于亚马孙河的第二大河。这条河由巴西的巴拉那伊巴河与里奥格兰德河汇流而成，向西南流动，在巴西和巴拉圭、阿根廷和巴拉圭之间形成天然分界线。河水蜿蜒流入阿根廷中部，从罗萨里奥市流向阿根廷首都布宜诺斯艾利斯。

半个多世纪以来，罗萨里奥市的市民和企业将河流当作运输通道，同时也把它当作倾泻生活废物的大型垃圾场。1964年，每天有将近66吨的人类粪便和25万吨的尿液排入河水中。[1] 结果，罗萨里奥市因伤寒的反复暴发而声名狼藉。

作为阿根廷第三大城市，罗萨里奥市还是大型肉类加工厂和罐头加工厂的大本营。[2] 罐头被运往欧洲，腌牛肉则送往全英国的大小杂货店。罐头厂的生产过程需要先加热罐子，再用河水冷却。为了保障卫生，工厂应该对污水进行氯化处理，但氯化处理厂已经一年多没开工了。

要冷却的罐子本应该保证不漏水，不允许有污染物接触到罐头里面的东西。在大部分时间里加工过程都正常无误，直到有一次，在加工过程中一只6磅①重的罐头顶部开了个小洞。未经处理的水流到了罐头里面。这种大型罐头是由一家名为弗赖本托斯的公司生产的。这只罐头穿越了大西洋，于1964年5月抵达了苏格兰阿伯丁。[3] 从那里出发，它最后在市中心联合大街上的一家杂货店落脚。罐头中1/2的肉被放在商店的橱窗中，另外1/2则被放在肉产品冷藏柜台后面。

城里的人们开始接二连三地患上伤寒，随着流行病的发展，恐慌也在加剧。新闻标题极其煽动人心，新闻记者的错误报道接二连三地出现，号称患者们正死在街头。实际上，在这场伤寒暴发中无人死亡，但是有超过500人感染，证明了这是一场严重的全市公共卫生危机。最终，源头被查明是受到污染的牛肉，店内的切肉机器先遭到了污染，然后又接触了其他出售的肉产品。而解开这一谜题的领头细菌学家是埃弗莱姆·"安迪"·安德森博士。

• • •

发现伤寒暴发的源头让安德森声名鹊起，获得了大家的认同。[4] 1965年，安德森成为位于英格兰科林达的公共卫生实验室肠病实验室主任。同年，他还宣布了一个惊人的消息。他一直在研究牛犊体内各种不同的细菌感染，结果发现沙门氏菌对两种重要的抗生素产生了耐药性：氨苄青霉素和氯霉素。他说，这种沙门氏菌菌株正是导致人类沙门氏菌中毒的那一种。接下来，安德森向前跨越了一大步，这一行为同时激怒了农业游说团体和制药企业。

安德森认为，农场动物出现耐药性是不加区别地在肉用畜禽的工业

---

① 1磅≈0.45千克。——编者注

生产过程中大量使用抗生素的结果，这很可能会导致人体内细菌对抗生素耐药性的加强。[5] 制药企业通过将抗生素卖给农民，挣得了上百万英镑的利润，而农民越来越依赖抗生素来控制工业饲养动物中传播的疾病。

但是，来自公众的压力持续增加，尤其是在 1967 年米德尔斯堡的西巷医院中大肠杆菌相关感染暴发之后。事实证明，此次细菌感染对氨苄青霉素、链霉素、四环素、氯霉素、卡那霉素和磺胺类药物都产生了耐药性。10 名儿童相继死亡，新闻报道震动全英。[6] BBC（英国广播公司）的一项报道将疾病和给动物喂养抗生素联系起来。尽管安德森关于抗生素耐药性风险的公开声明证据确凿，但是并没有将杀死这些儿童的疾病和一些动物身上的疾病明确地联系到一起。在公众之间以及政府内部，有越来越多的人开始担心抗生素耐药性问题，而政府想要保住公众对抗生素的信任。为了回应压力，政府快速设立了一个委员会，来调查畜牧业和农业领域中的耐药性情况。

* ∙ ∙ *

但是，随后出现了一个问题：要不要让安德森进委员会。他名气很大，却是一个刺儿头。农业部知道他对农用抗生素的强硬力场，他坚持认为农民要担责任。农业界显然希望他不要进委员会，最终确实如他们所愿，这让科学界大为恼火。为了平息批评言论，委员会宣布另一位同样知名但争议较少的科学家迈克尔·斯旺会加入委员会。[7]

斯旺是一位细胞生物学家，也是爱丁堡大学的副校长，他的名字成为委员会的代名词。斯旺委员会于 1968 年夏季正式成立，关注农业中的抗生素使用问题。委员会成员将抗生素分为两大类：高剂量抗生素，用于治疗感染、应对疾病暴发的治疗剂；低剂量抗生素，作为生长促进剂使用（换句话说，这类药物就是用来增加农业肉产品产量的）。委员会发现，对于第一类药物的实际操作，大家没有什么值得特别担忧的。问题在于委员会关注的低剂量生长促进剂（而不是那些用来治疗或者控制感染的药物），而焦点集中在对人类健康相当重要的药物上，没有人关心那些被广泛用在兽药或者农业中的药物。他们的建议并没有达到安德森的期望，更让他不满意的是，委员会没有解决预防性使用抗生素的问题（换言之，就是将抗生素当作预防性措施使用，以对抗可能出现的疾病）。不过，委员会最终提出了一个大胆的建议：禁止将青霉素和四环素用作生长促进剂。[8]

1969年11月斯旺委员会的报告被发表出来。6个月之后，由英国首相爱德华·希斯领导的新政府正式就位。新政府采纳了报告中的建议，青霉素和四环素被禁止用作生长促进剂。

这里有一个大漏洞。兽医和从事工业化农业生产的农民是一个阵营的，也和农业界联系密切，而他们仍然能够开出这些被禁用的处方药。这些药物以预防感染控制为幌子开具，但实际上农民继续使用它们作为生长促进剂。英国政府根据新的规定，建立了新的委员会来执行，但有漏洞意味着这些措施不会如政府预期的那样有效。除此之外，畜牧业并没有被要求与政府共享任何有关耐药性证据的信息。

尽管有缺陷，但斯旺报告是政府尽力阻止某些抗生素作为动物生长促进剂的第一次尝试。世界上其他国家也注意到了这点。荷兰、德国和捷克斯洛伐克很快跟进，制定了自己的相关法案。[9]另外，在接下来的10年内，英国畜牧业用于牲畜的抗生素总量减少了1/2。然而，随着时间的推移，旧的习惯逐渐卷土重来，到了1978年，工业化畜牧农场的用药量超过了10年前让安德森担心的剂量。[10]

类似的监管政策在全世界范围内失败了，它们无法产生有效的政治支持。没有地方能比美国的情况更清楚，美国食品药品监督管理局采取的策略类似于斯旺报告中描述的内容，希望至少能够在美国的工业化农场中控制住四环素和青霉素的使用，但它的策略遭到了强烈的抵制。[11]对手名单中包括一些科学家和强大的游说集团。但是，最强劲的阻力来自美国动物健康研究所（简称AHI）。AHI创立于1941年，目的是促进农业工业化。涉及畜牧业和产业领域的美国制药企业与AHI有着密切的关系，而AHI拥有自己所需要的所有资源，能够建立强大的游说集团，在国会中与FDA对抗。

AHI冒着风险，决定委托一项研究来彻底搞定这件事情。这项研究要确凿地证明，无须任何怀疑，作为生长促进剂使用的抗生素对农业有益，同时对经济也至关重要。AHI找到了一位相当年轻的临床研究员斯图尔特·列维，由他来负责这项研究。[12]

列维当时就职于塔夫茨大学，他立刻展开工作，招募波士顿郊外的农民来参与研究。他的研究对象是鸡，其孵化和生长的时间要比猪或者牛所用的时间少。列维进行了一系列对照试验：一组鸡被投喂了带有抗生素的饲料，而另一组的鸡饲料里则没有。然后，他收集了两组鸡的粪便，分别检测肠道细菌的耐药性。短短几天的时间里，在食用混有抗生素饲料的家禽体内，肠道细菌开始改变。脆弱敏感的细菌被抗生素杀死，而产生了耐药性的细菌则茁壮成长。几周之后，情况变得更加糟糕。现在，所有吃没有添加抗生素饲料的鸡的肠道中也开始出现耐药菌。又过了几周以后，所有家禽对抗生素都产生了耐药性，包括那些所食饲料中不含抗生素的鸡。[13]

列维的发现与AHI希望看到的恰恰完全相反，1976年他发表了自己的研究结果。这是当时世界上最确切的研究，证明了在动物饲料中添加抗生素将会传播抗生素耐药性，而且会同时发生动物间的水平传播以及沿食物链的垂直传播。科学界大吃一惊，纷纷表示关注。列维的学术新星之路方兴未艾，他接着投身于进一步的研究，其中很多工作都具有开拓性。他创立了国际慎用抗生素联盟（简称APUA），该联盟成为提供科学证据的首选机构，证明过度使用抗生素的危害。临床证据和公共卫生证据强有力地将抗生素的过度使用和对人类健康的危害联系起来，而科学界对此欣喜若狂。

政府机构、政客、监管机构以及畜牧产业对此明显热情不足，FDA的监管措施没有发生改变。英国玛格丽特·撒切尔和美国罗纳德·里根的保守政府对于新措施没有兴趣。AHI无视自己赞助的研究，继续争辩称没有什么科学证据表明抗生素的过度使用对人类有害。而企业的行为则罕见地出现了裂缝，麦当劳公司宣布将只向不使用对人类医学很重要的抗生素的供应商采购肉产品。[14] 但政府行动仍然滞后，在反对监管政策和支持监管政策之间摇摆不定。

尽管惯性和商业利益继续让美国止步不前，但诸如列维这样的科学家——致力于理解耐药性的传播方式，以及像霍尔姆斯这样的临床医生——致力于搞清楚该如何更加有效地使用现有的抗生素，表明了所有的努力没有白费。新鲜思路持续涌现，包括在斯堪的纳维亚半岛展开的巧妙计划，该计划的目的是让大量数据尽可能广泛地被获取，希望改善临床和兽医实际操作。这一发展势头很快将会成为全球变革的典范。

第 19 章

挪威三文鱼的胜利

当挪威被纳粹占领的时候，托尔·米德维特还是一个小男孩。[1] 托尔的父亲卡斯滕·米德维特是一名挪威海军军官，也是一位发明家。1938年11月他造访柏林，去讨论自己设计的新型雷达天线。德国工业要比挪威工业发达得多。卡斯滕使用自己在军队中的人脉关系，安排会议讨论他的设计。11月8日，卡斯滕·米德维特见证了水晶之夜，也就是纳粹对德国犹太人的大屠杀之夜。国家许可的暴力行为和无法无天令人心碎，感到不寒而栗。卡斯滕得出结论，他无法再继续留在德国和纳粹合作，于是第二天就启程返回挪威。现在，随着战争愈演愈烈，卡斯滕知道如果纳粹抓住他，他将会被关进监狱，很可能离死不远了。米德维特一家为了保护卡斯滕，从一个城市搬到另一个城市，以躲避炮弹和士兵，最终他们设法逃过了纳粹的魔掌。而大家族另外的成员就没这么幸运了，托尔的几个叔叔阿姨被送往集中营。

托尔与抗生素的第一次接触恰恰就在战后，当时他的父亲卡斯滕患上了严重的链球菌感染，病菌快速染遍了全身。卡斯滕存活的机会相当渺茫。医生每天给他注射青霉素，连续注射了一周，最后卡斯滕奇迹般地活了下来，尽管花了点儿时间领略了自然的奇迹。当卡斯滕从海军医院出院时，医生告诉他，他是第一个用了100万牛津单位的青霉素（总共约有0.5克，牛津单位是邓恩团队在牛津发现青霉素的早期阶段确定的计量单位）的挪威人。第一位接受青霉素治疗的患者阿尔伯特·亚历山大仅被给药200个牛津单位。虽然亚历山大的情况最初得到了改善，但他还是未能活下来。卡斯滕则不同，一周之后他迈着稳健的步伐康复回家。

· · ·

到了20世纪50年代末，托尔·米德维特完成了医学院的学业。当时抗生素耐药性已是众所周知的情况，但基本没有解决之道。托尔在奥斯陆的挪威国家医院细菌研究所开始自己的职业生涯，他负责临床诊断工具的标准化检验，这是临床医生用来检测特定的临床样本对抗生素易感还是有耐药性的依据。大部分临床样本是尿液样本，用于检测尿路感染；而且，绝大部分样本来自医院的女性患者。米德维特的工作主要包括评估患者是否对标准药物产生耐药性，如果确实有了耐药性，就需要找到最好的替代性治疗方案。

在20世纪60年代初，米德维特的部分工具是评估氨苄青霉素，一种由瑞典制药企业阿斯特拉制造的新药。当他培养出细菌细胞，并且用标准诊断工具检测氨苄青霉素的时候，答案并非如他所预期的那样。氨苄青霉素本应该快速且均匀地杀死细菌，而米德维特看到的则完全相反。药物一时有效，一时又完全失效。米德维特随后调查了药物的效用是否取决于细菌样本的酸度。他还注意到，当用这种药物治疗革兰氏阴性大肠杆菌时，细菌常常会产生耐药性。这种情况不应该发生在新药上。米德维特重复了好几次自己的实验，每次结果都一模一样。

米德维特写下了自己的发现，并将一份拷贝发送给挪威的科学期刊，而另一份拷贝发送给了阿斯特拉。他立刻接到了阿斯特拉的电话，公司当地研究部门的领导很快邀请他共进晚餐。几杯酒下肚之后，阿斯特拉的研究部门领导就询问米德维特是否有兴趣为阿斯特拉工作。公司将会很乐意为他提供额外的研究资源，交换条件则是他必须撤回发表的论文，直到阿斯特拉确认这些发现。

当年驱使托尔的父亲返回挪威的直觉和道德感同样引导着托尔·米德维特前进。他没有接受阿斯特拉的提议，接下来的几年内，他和这家公司的关系一直很紧张，尤其是他在瑞典——阿斯特拉的大本营——权威的卡罗林斯卡研究所攻读博士学位期间。

到了 20 世纪 70 年代初，米德维特获得博士学位，返回奥斯陆的奥斯陆大学医院（如今改名为奥斯陆大学国家医院，简称为 RIKS）。他再一次检测细菌样本对抗生素的易感性或者耐药性。不仅整个进展缓慢的过程让他耗尽心力，而且更糟糕的是，积累的信息大部分滞留在了实验室。全挪威没有更广泛的系统来监测失败药物，也无法警告其他人该药物已经没有效果了。

碰巧的是，医院内部装了一台大型 IBM（国际商业机器公司）计算机，需要用穿孔卡片储存数据。米德维特有了一个主意：要是他能够使用这台机器储存自己的样本数据并追踪结果，那就太好了。他跟计算机部门的负责人聊了聊，后者被这个想法吸引了。在一个年轻学生的帮助下，米德维特收集了全国各地医院的临床样本，再用 13 种不同的可用药物对每一份样本进行检测。他给每个临床样本针对每种药物贴上了标签，分为易感、相对易感、相对耐药和耐药。除此之外，米德维特记录了杀死感染性致病菌的 MIC 水平（最小需求剂量）。[2] 随后，米德维特把数据从实验室发送给自己的学生，让他把数据输入计算机中。每一天，数十条记录逐一被输入计算机中。这个团队坚持不懈地工作，致力于最大程度地将耐药性感染的可能降到最小，并且让每一个在RIKS的人都能够免费获得这些数据。如此一来，他们既能看到耐药性感染的发展趋势，也知道有效的用药剂量。到了1980年，共有5.5万条样本记录被输入计算机中，成果相当惊人。

就在项目开始后的几年内，产生了大量宝贵信息之后，米德维特接到了计算机部门负责人的电话：计算机出了问题，他所有的数据都没了。

米德维特遭受了重创。早在项目开始前，他已把自己全部的心血和精力投入这个项目中。没有其他国家进行过像他这样的数据收集和组织工作，而且立刻应用到实践中。因此，数据丢失的后果相当严重。

怅然若失的米德维特询问计算机部门负责人，要如何处理他多年来收集的穿孔卡片。当涉及计算机部门内部的工作情况时，他基本上一无所知，但是细心的研究人员保留了他的数据。"穿孔卡片？"负责人问道，"你说你有原始的穿孔卡片？"米德维特说当然有，每一张都有。计算机部门负责人无法控制自己的激动之情。如果是真的——米德维特保存了所有的穿孔卡片，那么完整的数据能够被重建，只要计算机部门有人来做。

米德维特不敢相信自己听到的话。是的，以起初收集原始数据时同样的决心，他们开始重新创建计算机档案数据。在接下来的几个月内，米德维特和他的学生重建了整个数据库，恢复了大部分记录。

到了20世纪80年代初，米德维特的数据收集、分析和信息共享项目被用在RIKS和挪威全国其他机构中。结果，全挪威的抗生素耐药性图谱得以一点点儿绘制出来，在之后的几十年，这张图谱将为挪威在制定控制抗生素处方的政策中发挥重要作用。

米德维特的家乡挪威是全世界高质量三文鱼的代名词，[3] 大部分三文鱼来自挪威渔场。我家在波士顿郊区，附近的杂货店全年都销售那里的三文鱼。事实证明，米德维特在三文鱼产业的发展中发挥了重要作用。全美和世界其他地方的杂货店之所以有三文鱼卖，得益于一种保护鱼类的疫苗的研发，使三文鱼免受工业用抗生素导致的耐药性增强带来的威胁。

20世纪80年代起，随着现代渔场的出现，我们见证了挪威三文鱼产业的大规模发展。一个典型的渔场包括几个并排放置在海边的圆形大笼子。一些笼子的直径只有10米，而其他笼子则有半个足球场那么大；笼子的深度和它们的宽度一样。这些笼子里面还有渔网，可以网住10万条三文鱼。而更大的笼子甚至能网住25万条鱼。

随着渔业规模扩大，出口量也相应增加，同时扩大传播的还有一种被称为疖病的毁灭性鱼类疾病。为了维持自己的生计和保护三文鱼，挪威的渔民们开始预防性使用抗生素，将它直接添加进鱼饲料。

随着渔业规模不断发展，抗生素的使用量也在增长。到了20世纪80年代末，需求量大到渔民要使用水泥搅拌机将抗生素拌到鱼饲料中。这引起了米德维特的关注，他多年的研究经验和越来越详尽的数据库告诉他，渔业中使用的这种方法会极大地影响水源、环境和公众。

到了20世纪80年代中叶，米德维特开始就这个话题面向公众写作。在获得相关政府部门的数据之后，他发现挪威人平均每年开出的抗生素处方为24吨，而三文鱼消耗了48吨抗生素。三文鱼用到的抗生素量是所有挪威人用量的两倍，这让人惊恐。"经抗生素改良的"鱼饲料直接被倾倒入渔场，又从那里流入附近的水域，情况更让人担忧。米德维特敦促挪威政府做出回应，希望政府能够颁布监管法案以保护环境安全和公共卫生。但渔业是一个利润丰厚的高回报产业，也是政府税收的主要来源。他遭到了渔业游说集团的强烈抵制，同时反对的还有兽医们——他们和渔民关系紧密。

1989年，米德维特和其他志趣相投的科学家通过一个不太可能的源头——挪威国家广播公司（简称NRK），取得了一项重大突破。当地的NRK电台制作了一期关于抗生素和渔业的节目。制作团队想方设法拍到了三文鱼渔场水底的录像，发现渔场水底表面因为存在过量的抗生素而发黑了。然后，记者在距离渔场数千米以外的水流中取样，结果发现那里的鱼体内也有着高水平的抗生素。这事儿还没完。他们还发现，那些以鱼为食或者以漂浮在水面上、掺杂着抗生素的鱼饲料为食的鸟类体内也出现了抗生素。

NRK电台拍摄的影片产生了轰动效应。它在挪威的公共电视台仅播放了一次，渔业界的大佬们就被激怒了。他们争辩说，任何对他们生意的威胁都危及渔业经济，最终也会危及国家经济。政府告诉NRK电台不要再播放这部影片了。制作人还收到了匿名炸弹威胁。NRK妥协了，影片最终被禁播。[4]

然而，趋势正在转变。关于影片的新闻、关于耐药性的新数据，以及公众越来越多的关注，使得对采取行动的要求越来越多，超过了渔业界能够应对的范围。渔民们意识到，他们越是努力不让其他人调查他们的实际操作，越是希望不要成为恶人，事实上越容易被贴上坏人的标签。

科学拯救了渔民们。就在他们因为不能再大规模使用抗生素感到万分沮丧的时候，传来了令人振奋的消息：一种新型三文鱼疫苗能够预防疖病，减少预防性使用抗生素的需求。这种疫苗由政府管理，通过自动化程序从鱼的腹部注入，对渔民、渔业和国家经济来说都是天赐之物。到了1994年，给三文鱼注射疫苗成为挪威的常规操作，抗生素的使用量也直线下降。[5]

　　挪威的案例成为有关抗生素和肉产品讨论中的主要话题，而米德维特被誉为让公众关注重要问题的科学家。现在，他被广泛誉为具有标杆意义的指导性人物，他擅长基于收集的海量数据创建列表、仔细分析，从而创立监控模型。他建立了一个志趣相投的科学家组成的联盟，一次吸纳一名新成员。当时别说挪威政府，就连制药企业都不愿意听他的言论，或者注意他的数据，但他坚持下去，推动了政策和实践的改变。证据站在了米德维特这边，最终让政府无法再忽视下去。他坚持不懈的态度得到了回报。2018年，鉴于他在微生物学方面不断取得研究进展，以及对国家的服务，84岁高龄的托尔·米德维特被授予挪威最高级别的公民奖励——挪威圣奥利弗王室一等勋章。[6]

第 20 章

偏远居民点的耐药菌

1992 年，一支研究团队搭乘丰田兰德酷路泽越野车，驶向扎根西澳大利亚遥远北端的偏僻原住民地区。[1]虽然团队从珀斯出发，但他们要拜访的居民点远在 2 000 英里（约 3 200 多千米）之外。一些居民点到珀斯的距离比从珀斯到悉尼的距离还遥远，它们遍布澳大利亚东海岸。从 1957 年起，沃伦·格鲁布一直居住在珀斯，这位生物学家在东海岸的新南威尔士州长大。现在，格鲁布领导着科廷大学的一支科学家团队，同时也处在即将取得重大突破的关键节点。

. .
.   .
. .

格鲁布的团队对葡萄球菌感染感兴趣已经有一段时间了，这就是为什么西澳大利亚卫生部给团队提供了一笔基金，支持他们筛查偏远居民社区内的耐甲氧西林金黄色葡萄球菌情况。尽管珀斯的医院中有一些去就诊患者的 MRSA 水平信息，但人们对于居住在偏远北部和东部地区的人的情况知之甚少。西澳大利亚的卫生人员急切地希望避免 MRSA 感染在当地医院中发展成流行病，就像这个国家东海岸医院的情况一样，在那里这些葡萄球菌菌株一直在引发感染。

到此时为止，西澳大利亚得以幸免主要因为地广人稀，与世隔绝。西澳大利亚是澳大利亚最大的州。面积约100万平方英里（约250万平方千米），有美国得克萨斯州和阿拉斯加州合并起来这么大。珀斯是西澳大利亚州首府，也是全世界最与世隔绝的城市之一。离珀斯最近的同等规模城市阿德莱德，也在1 700英里（约2 736千米）之外。西澳大利亚州总人口大约260万，有将近95%的人口生活在珀斯及其郊区。

格鲁布的实验室是MRSA的筛查中心。专业知识的积累是格鲁布实验室和珀斯皇家医院微生物学家约翰·皮尔曼博士成功合作的成果。西澳大利亚州卫生部已下令，所有的MRSA菌株都要送到格鲁布的菌株分型实验室。珀斯皇家医院给格鲁布和他的团队提供了MRSA样本，这样他们就能够进行筛查并对菌群分型，然后汇编成感染防控信息。他们的思路是创建一个MRSA数据库，以便识别并追踪菌株，希望能够防止菌株在西澳大利亚医院内扩散。

多年来，格鲁布团队建立了全澳大利亚最好的MRSA数据库之一，因此该数据库常被用来识别不同类型的MRSA。他们还发现了一种先前从来没在澳大利亚见过的菌株，这种菌株和从半个地球之外的美国得克萨斯州休斯敦发送过来的菌株类型一样。他们一路追踪这种特殊的菌株到两名休斯敦船员身上，他们的船曾停靠在西澳大利亚南部，回到美国之后，他们被确诊为MRSA感染。

但接下来发生了一些奇怪的事情。团队收到来自西澳大利亚偏远北部金伯利地区的患者MRSA样本，这些菌株和他们数据库中的其他菌株完全不一样。当时格鲁布团队无法完全解开这个谜团，至少在珀斯不行。他们需要深入西澳大利亚腹地，拜访偏远地区的居民社区，以了解更多关于这些菌株的情况。

　　格鲁布担心的是，那些偏远的居民区可能不足以提供充分的信息使团队做出结论性的发现。收集患者的病史是解开这个谜团的关键部分，要求全面参与和全心信任。幸运的是，格鲁布获得了原住民卫生领域内最权威人士之一迈克尔·格雷西博士的一些关键性支持。

　　格雷西是一位备受推崇的临床医生，他花了很多心血研究西澳大利亚的原住民。1971年，特雷西出发去金伯利展开为期一个月的行程，希望了解这些偏远居民社区面临的健康挑战。他在那里的所见所闻让他万分沮丧：儿童痢疾和营养不良在当地肆虐。所以，在接下来的20年内，特雷西开展了广泛的研究，试图理解那些促成澳大利亚白人和当地原住民之间健康鸿沟的社会经济因素和临床挑战。[2]

　　特雷西在格鲁布之前飞到了金伯利，招募了一些当地人来帮助他展开调查工作，也确保格鲁布能够收集到样本，同时记录下患者的疾病史。没有特雷西的帮助，格鲁布的团队就可能永远无法接触当地社区，他们的发现也就不会及时地公布于世。

　　格鲁布团队收集了来自社区居民鼻部、咽部和皮肤拭子的样本。但样本采集仅仅是一个开始，剩下的挑战是如何处理这些样本。团队找不到一个稳妥的方法将这些样本成功地一路送回珀斯。然而，还有一个澳大利亚独有的可行解决方案：向皇家飞行医生（简称RFD）寻求帮助，这是在澳大利亚享有盛名的服务机构。[3]

　　大约在100年前，RFD由约翰·弗林牧师在昆士兰建立，这是世界上第一家空中救护队，出现的时机正是空中旅行还只为少数特权人士享有时。但是，RFD同一时间融合了当时的两大创新技术——无线电和飞机，在当时创造了一种高科技解决方案。鉴于澳大利亚地形多变，以及在偏远地区散布着居民社区，这一方案解决了难度更高的健康危机。当格鲁布和他的团队打电话的时候，RFD已经是负有盛名的重要医疗服务机构了，并且将为促进全澳大利亚健康事业发挥另一重要作用。

当格鲁布团队返回珀斯分析来自那些社区的样本时，他们发现这些样本与先前送到他们实验室的一批来自金伯利的MRSA菌株相匹配，而与珀斯医院中的菌株不同。这些菌株在世界各地都没有报告过——包括金伯利和团队筛查的其他地方，在基因上和先前报告的所有MRSA菌株都不一样。它们的质粒和耐药性模式完全独立于格鲁布在澳大利亚其他地方甚至全球范围内见到的菌株。更加奇特的事实是，提供这些新MRSA样本的人们之前完全没有住院史。直到当时，MRSA感染都被认为是从医院获得的，没有人知道无住院史的居民社区内也存在MRSA。

新型MRSA菌株引发了另一个问题：同样的情况也会发生在其他与世隔绝的原住民社区吗？要找出答案，就需要在西澳大利亚开展此前从未有过的大规模检测。格鲁布撰写了一份申请提案，并且获得了澳大利亚国家卫生和医学研究委员会的基金资助。在接下来的7年内，有了西澳大利亚卫生部和RFD的协助，格鲁布团队足迹遍布全州，他们在远离金伯利地区的其他偏远原住民社区内进行筛查，在旅程期间不时停下来，分析珀斯给出的结果。他们向东直到西澳大利亚州内的华伯登山脉，进入了位于该州中部的皮尔巴拉，还有许多其他地方，在大大小小的当地社区中采集样本。一些居民区只有40人，其他地方也不过几百人。还有一些人在几年内被多次采样，以查看MRSA如何出现在他们的生活环境中。格鲁布的团队沿途一次又一次受到了像特雷西一样的其他医生的帮助，这些医生长期照顾着当地原住民的健康。

无论他们抵达哪里，格鲁布和自己的团队都会记录下患者的病史，更重要的是他们还记录下社区内是否有使用过抗生素。随着一块又一块拼图就位，一幅完整的画面逐渐出现，颠覆了全世界先前对MRSA的理解。通过仔细对菌株进行分型，将它们和患者的疾病史联系起来，该团队从根本上改变了当时对耐药性出现过程的理解。

他们的发现是一个坏消息：一种类似于医院获得型MRSA的双胞胎的菌株，简称为"社区获得型"（英文缩写为CA）。令全球科学家和公共卫生专家非常惊恐的是，格鲁布最终证明，医院不是产生MRSA的唯一来源。[4]

MRSA也有可能来自社区。

第21章

含杂质的药物

复方新诺明是一种结合了两种抗生素（甲氧苄啶和磺胺甲恶唑）的药物，这种药物曾是我童年时家里的常备药物。如果我发烧了，我就要喝一大汤匙这种粉红色糖浆。如果我的喉咙发痒了，我要喝一汤匙这种药。我从不介意喝这种药，因为它很甜——混合了泡泡糖香精和其他添加剂，同时这也意味着我不用去上学了。长大后，我就不再迷恋这种美味药物了，但家里始终备着它，永远放在厨房左边第二个橱柜中。后来我知道，复方新诺明不仅仅是给孩子用的，而且也不仅限于粉红色糖浆这种形态，它还有一种药片形式，是用蓝色泡罩包装的白色椭圆形药片。

这种药物永远不涉及处方问题。任何买得起的人，都能直接去药房买。我们是中产阶级家庭，而中产阶级的一个标志就是家中储备着许多药物。

30年之后，巴基斯坦几乎没有发生变化。我旧时居住的街区药房内现在同时出售着品牌药和仿制药、国际品牌和地方品牌药物。药物的价格也不尽相同，质量更是参差不齐，但始终不变的是不用处方就能买到药。[1]

当地的医生（包括我家族里的许多医生）是造成抗生素处方问题的部分原因，他们带来的危害多于益处。无论患者表现的症状是高烧、喉咙肿疼还是牙疼，家庭医生都准备好了给出抗生素治疗方案的建议，有时候仅仅通过电话开药方。他们从来没有进行过任何检测，以确定感染到底是不是细菌引起的。更糟的是，患者经常自己去药房买抗生素，身上没有任何处方。这和霍尔姆斯医生在菲律宾观察到的现象一样。药房的药剂师同样渴望多卖一些药。

20世纪60年代，抗生素开始在巴基斯坦和其他许多发展中国家广泛使用。品牌药物的专利正在过期，而新型仿制药不断进入市场。当时中低收入国家的大部分药物依赖进口。但是，到了20世纪70年代，一些发展中国家当地的制药公司规模和生产效率不断增长。1970年在印度，新专利法案极大地推动了制药企业的发展。[2] 印度政府允许当地企业制造仍然受到专利保护的药物。专利权仅适用于制造过程，而不涉及产品。只要印度的企业使用不同的制造过程，他们就可以生产与国际企业制造的完全相同的药物。

印度企业开始了"逆向工程"，使自己的仿制品生产流程赶上更富裕国家的流程。[3] 专利法的改变让国际企业很难起诉印度制造商侵权。印度企业的蓬勃发展实现了更大的供应量，使这些药物更便宜、更容易获得，而且不仅限于印度。[4] 在世界其他地方，渴望提高销售量的当地药企（甚至是国际制药企业）往往会抵制处方药法案。

抗生素无处不在，价格相对便宜，而监管法律薄弱，执行力度匮乏。这意味着，对于许多中产家庭来说，橱柜里储藏着大量抗生素是正常现象。[5]

随着时间的推移，我们开始注意到，必须剂量翻倍地使用抗生素。以前只需要一汤匙的复方诺明，现在需要喝两大勺才能有效果。这个问题不仅仅出现在我们家，整个城市的居民——甚至是那些比我们拥有资源少的人——面临着相似的挑战。

·　·　·

在伊斯兰堡，我们家附近有一处城市贫民窟，名叫"法国殖民地"。这个贫民窟的名字来自历史上的一场意外。那里曾经是法国使馆的领地，随后使馆搬到了一个更加安全的地区。现在，住在"法国殖民地"的大部分人的生活与富裕的西欧国家的后代截然相反。[6]

尽管这些居民生活在市中心，非常靠近某个商业中心，但他们是巴基斯坦被边缘化的基督徒的一部分。在"法国殖民地"，下水道和饮用水常常混在一起，形成了疾病的扩散中心。当年幼的孩子们面临致命感染威胁时，一贫如洗的父母们最初的做法和我家一样。他们从使用家庭疗法和药物开始，比如服用复方诺明这种不需要处方的药物。在这些方法都失败后，孩子们常常被送到附近医院的病房，那里早已挤满了患者，通常也缺乏能够帮助他们的资源。

萨希巴（此处为保护个人身份而使用假名）长期生活在"法国殖民地"，她在一户精英家庭中长期做非常辛苦的女仆工作。当我遇到萨希巴的时候，她刚刚失去了自己的孩子，因为她居住的当地医院的医生尝试了所有可用的抗生素，还是没能有效地治好孩子的感染。医生明里暗里责怪萨希巴让孩子接触不卫生的环境。然而，对于抚养孩子成长的社区环境，萨希巴毫无改变的能力，而且周边更好的社区内持续稳定出售抗生素，这些抗生素出现在伊斯兰堡各大药店的柜台。

　　萨希巴的故事并不是个例。整个国家耐药性产生的速度正在加速，最终影响到每一个人。

　　当我还在长身体的时候，我从未意识到喝一勺复方诺明止住鼻涕会有问题。我认为，在病情恶化之前，我一直在积极主动地治疗，以遏制疾病发展。从来没有人告诉我会出现耐药性的问题，那些药物随时可以获得，而且看上去始终有疗效——也许只是我这么认为而已。我信仰主流的宗教，出生在主流的种族内；我生活在环境优越的居民区内，有清洁的水源和卫生条件。萨希巴无法获得这样的居民环境。考虑到她们生活地区贫困的严重程度，威胁萨希巴和她的孩子们的那种感染是可悲的，但又不可避免。

　　社会精英经常谴责萨希巴和她的"法国殖民地"邻居们传播疾病，但正是社会制度造就了贫穷的情况，而且失职失责的政府没有将卫生和公共福利放在首位。

　　当时我并没有意识到我的家庭和我个人的错误：我们的药物使用习惯是错的。现在，我们知道自己是造成这个问题的部分原因。然而，我们越是继续把传染病在全球传播的责任归咎于贫困人口，忽视了中产阶级和富人们推动了抗生素耐药性，就越要花更长的时间来解决问题。如果我们能意识到，有时候不是患者的错，而是制药企业和应该监管企业的政府的错，我们的情况将会好很多。

* * *

　　在巴基斯坦城市拉合尔的另一个贫民窟内，萨蒂克（此处为保护个人身份而使用假名，下文的阿斯兰也是假名）遭到了当地卫生机构报告的侮辱，该报告谴责了他的父亲阿斯兰的死亡问题。阿斯兰喝了他和他的朋友所能负担得起的仿制药物——咳嗽糖浆，之后便死亡了。阿斯兰这样做已经有好几年了。每到周末，他就和自己的一帮朋友们聚在一起——所有人都来自同一个贫民窟，一人喝掉一瓶咳嗽糖浆。这是他们每周的固定活动：一顿油腻的街头简餐，一瓶咳嗽糖浆（如果喝的量足够，能够发挥轻微致幻剂的效果），偶尔还打打牌。然后，他们各自回家睡一觉，让药效散去，第二天正常上班。

但这次是个例外，萨蒂克的父亲回家之后，吃过饭一睡就没再醒来。他的朋友们也都是如此。死亡人数多达 10 余人，所有人都喝下了一模一样的咳嗽糖浆。接踵而来的就是和心血管药物质量相关的另一起丑闻，宣称这些药物夺走了巴基斯坦 200 多人的性命，[7] 政府官员非常害怕更多的负面宣传，所以他们快速反应，指责那些喝下咳嗽糖浆的人。政府拒绝承担任何责任，并宣称阿斯兰和他的朋友都应该为自己的死亡负责，这一点让萨蒂克非常愤怒。

省卫生部门的主管说，他们都是"瘾君子"。有些人更加过分，称他们是地球的败类，比坟墓里的尸体好不了多少，是不能完全称其为人的卑劣东西。一周之后，有毒咳嗽糖浆的问题再次出现在隔壁城市中，这次死亡人数超过了 30 人。[8] 政府再一次在当地制药企业的支持下，固执地出来宣称政府有实验室报告，确认死亡和糖浆没有关系。

萨蒂克站出来，要求政府出示死亡和有毒糖浆没有关系的证据。有几家报纸注意到了他的举动，但是其他事件的出现迅速把他挤出了公众视线范围。世界继续前进，对制药企业的宽松监管仍一如既往。

在拉合尔贫民窟附近有一家古拉卜德维胸科医院。这家医院以一位印度慈善家的名字命名，现在已经成为宗教极端分子的眼中钉。那里是巴基斯坦最大的结核病医院之一，确保了其在全球对抗耐药菌中的重要性。院内设有近 1 500 张病床，一直处在管理混乱状态。在这里，医生治疗大量结核病患者，包括许多遭受多重耐药性（MDR）结核病折磨的患者。从技术角度来说，多重耐药性结核病指的是那些不再对一线药物有反应的感染，比如利福平和异烟肼两大常用药物。多重耐药性结核病和贫穷之间也有相关性，绝大部分去古拉卜德维医院的患者都是非常贫困的人。他们符合巴基斯坦对结核病的陈旧定义：这是一种穷人病。

库尔索姆·贝贝（此处为保护个人身份而使用假名）是患者之一，一年多来她一直去古拉卜德维医院门诊看病。她和萨蒂克来自同一地区，也是穷人。她受到的待遇也很糟糕。医院的医生对她讲话的口气很恶劣，说库尔索姆的感染对开出的抗生素没有反应是她自己的错，认为她一定没有遵照医生给出的治疗方案用药。

库尔索姆·贝贝坚称事实恰恰相反，她一直严格遵照医生的指示用药。她受过一点点儿教育并引以为豪，因此她告诉医生她知道怎么数数，也知道怎么看时间，她知道自己准时服用了所有的药片。医生并不相信，当然对此也不感兴趣。医生甚至已经转身询问下一位患者，并结束了这次诊疗。这种情况仍然存在，而且已经相当常见了。

关于遵医嘱的争论是这样的，那些被开具了抗生素处方的人应该在设定的严格时间段内服用药物。这段时间基于实验和临床研究的结果确定，取决于患者应该服用多久的药物才能杀死所有的致病菌。因为杀死一些细菌要比杀死另一些细菌花的时间久，所以在整个疗程中持续服用药物对康复来说至关重要。在规定时期前就结束服药疗程，意味着一些细菌很可能会幸存下来，而且还可能具有耐药性。

任何药物中，具有活性的成分被称为活性药物成分/原料药（简称

API）。不同药物在体内以不同的速度释放自己的API。然而，如果一种药物没有释放足够的API，或者本身没有足够的API，那么细菌将会接触到不足量的抗生素，这个剂量无法有效杀死所有细菌。活下来的细菌就对抗生素产生了最佳耐药性：当抗生素杀死足够多的竞争对手时，具有耐药性的细菌就可以无拘无束地增殖，在某些情况下甚至会进一步突变，从具有部分耐药性转变成完全耐药性。

存在耐药菌被选择的可能性，是医生坚持患者要全程服用药物的原因。这也是库尔索姆的医生生气的原因。她断定库尔索姆是一个不听话的患者，让曾经能够控制好的病情变得更难治疗。更糟的是，在让自己的疾病变得具有耐药性的同时，她还会接触身边的人，从而让感染变得更加严重。

但是，这个争议应该从另一个方面来看。如果药物的纯度只有50%，那该怎么办呢？即便患者全程服用了所有的抗生素，但因为药物纯度不足，其实也只进行了一半的疗程周期。患者可能完全遵照医嘱，但原本应该发挥疗效的方法在她身上失败了。就像在拉哈尔杀死穷人的咳嗽糖浆一样，如果药物和那些制造并且分配药物的人才是问题真正的源头，该怎么办呢？

药物包含的剂量少于包装上写明的剂量，或者药物生产不当，又或者本该冷藏的药物却因储存在高温环境中而导致药物成分降解，这些情况持续成为许多国家面临的问题。在这些国家/地区内经营的企业因为缺乏严格的监管和强制执行力度，更有可能走捷径，不顾质量保障，从而生产出不符合标准的药物。通常情况下，在贫穷国家，国民卫生资源非常薄弱，以至于国家无法展开任何检测以保证全国的药物供应符合国际质量和安全标准。

保守估计表明，在中低收入国家，至少有10%的药物质量堪忧。[9]在某些国家，多达1/3的药物资源（包括处方药和非处方药）的质量都不合格。[10]每年全球因此死亡的患者人数高达数十万。而抗生素是如今最常见的不合格药物，甚至会出现假药。之前的一段时间，我们并不清楚这些药物是否能导致耐药性。现在我们知道了，它们确实会导致耐药性。

佐哈尔·温斯坦在位于波士顿大学的我的研究实验室中忙着攻读自己的博士学位，就在开始研究的头一年，她发现了一些独特的东西。她的研究方向是用新方法组合现有的抗生素，试图攻克耐药性问题。她在研究一种叫作利福平的药物。利福平是在抗生素研究的鼎盛时期被发现的，和许多药物一样，它来自土壤样本。

在利福平的研究案例中，1957年一份来自法国蔚蓝海岸（又称法国里维耶拉）的样本被送到了米兰的Lepetit制药研究实验室进行分析。实验室的两位科学家皮耶罗·申思和玛丽亚·特蕾莎·蒂姆巴尔在蔚蓝海岸土壤样本中识别出一种新型细菌，这种细菌会制造出新类型的抗生素分子，最终这种抗生素成为大家熟悉的利福平。从实验室药物到进入市场，利福平总共花了约10年的时间，最开始是1968年在意大利销售，到了1971年获得了美国食品药品监督管理局批准之后进入美国市场。它很快就成为对抗结核病的一线药物。[11]

在温斯坦的研究过程中，她注意到这种药物很容易降解为名叫醌式利福平的化合物——制药企业和监管机构都将这种化合物视作杂质。坦率地讲，含有醌式利福平的药物不应该投入市场，哪怕含量很少也不可以。在特定的环境条件下，利福平会降解成醌式利福平，但是其他添加剂（比如维生素C）能够保持药物不变质。

利福平能够轻易转变为醌式利福平，这引起了温斯坦的兴趣，同时也困扰着她。她很好奇，这对细菌耐药性会有什么影响呢？她展开了系统性研究，让细菌同时接触纯净的利福平以及包含杂质成分的利福平。她还给细菌使用了比医生所开的处方剂量低的药量，来模拟不遵医嘱服药的问题。

大部分含杂质的药物无法杀死细菌，但同时也不会引发耐药性。这就好像给细菌用上了安慰剂。但使用了醌式利福平之后，温斯坦看到了一些惊人的现象。含这种杂质的药物不仅引发了耐药性，而且比低剂量的利福平更快地引发耐药性。管理含杂质药物的问题甚至比不遵医嘱的问题更加糟糕。温斯坦重复了数十次实验，每一次都确认了她的结论。

温斯坦并没有就此停手。她向埃里克·鲁宾征求建议。鲁宾是哈佛大学公共卫生学院的结核病专家，他也发现了令人棘手的实验结果，并且鼓励温斯坦使用另一种被称为耻垢分枝杆菌的细菌来检验她的假设。由于结核病病原体在实验室的生长过程非常缓慢，要求实验室具备非常严格的安全条件，因此耻垢分枝杆菌是研究结核病时更实用的实验生物模型。温斯坦再次开始了艰苦卓绝的实验：分离不同的培养物，跟踪每一份单独剂量抗生素的作用过程，然后检查接触治疗浓度的利福平、低于正常治疗水平的浓度以及只接触到药物的杂质部分时细菌如何响应。这次，实验结果更加令人惊讶。与接触低剂量利福平的细菌相比，只接触到杂质的细菌产生耐药性的速度快了很多倍。

温斯坦发现了药物中的杂质和耐药性之间的直接联系。接下来，她展开实验，试图弄清楚在基因层面上究竟发生了什么。是不是存在一些新的基因突变——发生在分子层面上的突变，让细菌产生了耐药性呢？她再一次发现了新型突变，即一些之前从未被报告过的突变。

最后一个问题：用纯净的强效药物去攻击以含杂质药物为养料的细

菌，会发生什么呢？温斯坦挑选出一些已经接触过杂质并且产生耐药性的细菌，她开始往里面添加纯净的利福平，一直不停地往里面添加，但是细菌始终保持耐药性。无论加入多少剂量的利福平，都无法杀死细菌。

这给了人们另一个启示。耐药性的产生，不仅仅是因为医生们滥开抗生素处方，也不仅仅是因为患者没有遵医嘱进行全程服药治疗，或者服用了不合格药物——那种掺入杂质和降解产物的药物，更不仅仅是因为药物成为工业食品生产的一部分。显然，耐药性的存在还因为出现了不合格药物，因为监管系统未能阻止含杂质药物流入市场。

第22章

战争顽疾

2017年11月，我同意和贝鲁特美国大学的同事们一起参加一场为期两天的会议。我有幸成为一支国际团队的一员，这支团队旨在筹集500万美元的抗生素耐药性研究基金。基金申请提案来自英国的医学研究委员会，他们期待任何获得基金资助的项目都前途无量。我是黎巴嫩领导团队中的一员，我们进入了基金审查的最后一轮。组成评审团队的技术专家，包括来自法国、瑞典、也门、约旦、荷兰，当然还有英国的研究人员。

我们想要研究的问题是从中东各国——尤其是叙利亚和伊拉克——去黎巴嫩治疗的患者中持续存在的耐药性感染问题。我知道这个问题很严重，但是我没有料到，我同事团队的核心假设理论是耐药性问题要追溯回15年前发生在伊拉克的事件：美国主导的伊拉克战争。

· · ·

2003年，就在美军入侵了伊拉克后不久，美军战地医院的医生们开始注意到出现了大量程度严重的感染，这种感染和一种名为鲍曼不动杆菌的伺机而动有关。之所以说它伺机而动，是因为该细菌本身不会致病，但是如果已经存在一种感染，比如说肺炎或者感染性伤口，它就会趁机蓬勃发展。[1] 这种细菌无处不在，存在于溪流中、土壤中、医院墙壁以及患者皮肤上。[2] 一旦扎稳脚跟，它就会一发不可收拾。

尽管这种情况持续存在，医生们知道该细菌能够被控制住。

但这次是一个例外。战地医院面临的问题不是这种细菌的广泛传播，而让军医们担心的是这种革兰氏阴性菌对一大批最好的抗生素表现出严重的耐药性。[3] 一开始，他们只遇到了几起病例，但是病例数量逐渐攀升。在 2003—2009 年这 6 年的时间内，将近 3 300 名美军接受了对耐药性鲍曼不动杆菌的治疗。情况更糟的是，这些士兵退伍后将细菌带回了美国医院，比如沃尔特里德国家医疗中心，在伊拉克战地医院待过的士兵们经常去那里接收治疗。[4]

在旷日持久的战争期间，不动杆菌被视为驻伊拉克美军的首要威胁。它甚至有了一个新名字：伊拉克细菌。这个问题非常严重，甚至 2010 年美国国会就该问题专门召开了一场特别听证会。[5] 但接下来美军慢慢撤离伊拉克，随着军队数量的减少，战地军事行动的数量也减少了。如今，耐药性不动杆菌不再是威胁美军的首要问题，但是这个问题在当地人群中持续传开。[6]

是美国入侵伊拉克导致了伊拉克细菌的发展和传播吗？或者范围再扩大点，是美国发动的海湾战争，尤其是 2003 年的伊拉克冲突让耐药性不动杆菌登上了世界舞台吗？

伽桑·阿布-西塔和他黎巴嫩的同事相信,答案毫无疑问是肯定的。[7]
阿布-西塔是当地顶尖的整形外科医生,接触过上百位饱受战争创伤折
磨的患者。他的父亲是巴勒斯坦人,在开罗获得了医学学位——许多巴
勒斯坦人在《戴维营协议》签订之前都是这么做的。阿布-西塔则在英
国接受了医学训练,首先阿布-西塔在格拉斯哥学习,然后又去了伦敦。
20世纪90年代初,阿布-西塔在伊拉克和黎巴嫩南部工作,自那时起他
走遍了战争冲突地区。

　　2009年,阿布-西塔受聘于贝鲁特美国大学,领导该大学医院的整
形外科系。回到贝鲁特美国大学之后,阿布-西塔看到越来越多的人被
持续不断的感染折磨得痛苦不堪。当他培养导致这些感染的病原体时,
培养物都呈现出伊拉克细菌阳性。

　　就在阿布-西塔开展研究的同时,他在大学里遇到了另外一位研究
员苏哈·坎杰博士是贝鲁特美国大学医学中心传染病学主任。坎杰博士
非常熟悉冲突和战争。[8]当黎巴嫩暴发长达15年的内战的时候,她还是
黎巴嫩法国大学的医学生,内战让她无法继续自己的学业。因此,她去
国外生活了一年,在法国波尔多学习,之后返回黎巴嫩。她希望情况能
够稳定下来,但事实上并没有。最后,她被离家较近的贝鲁特美国大学
录取,减少了面临遍布贝鲁特的岗哨盘查的风险。在她获得了自己的学
位之后,坎杰在杜克医学中心接受培训,成为传染病和实体器官移植领
域的先锋人物。

　　1998年坎杰和丈夫搬回了黎巴嫩。在回国后的第一年内,坎杰看到
的传染病症状和世界其他地方报告的症状非常相似。但是,2006年情况
急转直下。以色列再次入侵黎巴嫩,战争摧毁了楼房、桥梁和基础设施。
与此同时,去贝鲁特美国大学传染病机构就诊的患者身上出现了对几乎
所有抗生素严重耐药的情况。坎杰对此的担忧与日俱增,她因此下令严

格培养自己病房内每一位患者的每份样本。到了2007年，她和她的团队意识到自己正在处理的是对医生手中几乎所有的"武器"都有抵抗力的鲍曼不动杆菌的一次暴发。

坎杰想要深入挖掘。像这样的情况以前是否发生过呢？她四处打听，尤其是在大学的微生物实验室。大部分人回答说这对他们来说也是新情况，除了几个年长的微生物学家。他们查看了培养物之后，点了点头。1975—1990年，彼时正值摧毁黎巴嫩的内战时期，他们见到过这种情况。坎杰之前从未听说过，她便询问他们是否发表过自己的研究结果。时值国家危急时刻，他们并没有时间发表。现在，她的内心产生了一种预感，有什么东西将战争和不动杆菌耐药性联系了起来。

坎杰同时听说了阿布-西塔在创伤方面的研究，而阿布-西塔也熟悉坎杰在传染病研究方面的专业能力。要找时间离开他们各自的临床实践并不容易，但是发生了一些很特别的事情。他们俩第一次遇见的时候就达成了共识——是时候要一起工作了。他们还要找到一群愿意成为检测耐药性鲍曼不动杆菌和战争冲突相关性的人，作为最佳人类模型。

他们没有花太多的时间，也没有去太远的地方寻找。在这两位医生的患者群体中，有大量的伊拉克人。当时，他们有任何严重病情，就习惯去黎巴嫩、约旦或者土耳其寻求治疗。理由也相当简单。伊拉克的医疗护理系统虽然曾经是中东地区首屈一指的，但如今彻底崩溃了，首先是因为20世纪90年代第一场海湾战争之后受到的制裁，然后就是从2003年美国入侵伊拉克开始的伊拉克战争。[9]有足够财力支付治疗费用的患者，或者有足够影响力让伊拉克政府为其支付治疗费用的患者，纷纷跑去了邻国求助。阿布-西塔记得一位特殊的病人，因为拦截自杀式炸弹袭击者而身受重伤。创伤相当严重，而且患者的骨头已经遭到感染。传统的一线抗生素完全不起作用。阿布-西塔要求进行血液培养，并发现了鲍曼不动杆菌。

阿布-西塔和自己的同事亲眼见证了遭受枪伤的患者，以及炸弹爆炸和交通事故的幸存者。因为伤口严重，许多人最终都患上了骨髓炎——一种骨头感染。感染会导致耐药性伊拉克细菌的定植，而且由于可用的药物有限，患者的预后并不理想。

为了搞清楚伊拉克患者中出现耐药性伊拉克细菌背后的情况，阿布-西塔和另一位同事组建了一支团队，他的合作者是人类学家奥马尔·阿尔-杜瓦奇。杜瓦奇的专业领域包括研究伊拉克的公共卫生系统，尤其是在其近代史上的发展。他自己在第一次海湾战争时就亲身体验过伊拉克的公共卫生系统。[10]

从20世纪90年代初开始，随着美国第一次对伊拉克发起进攻，伊拉克的公共卫生系统就已经开始崩溃了。战争结束后，接踵而来的就是制裁，这意味着没有国家愿意在伊拉克从事商业活动。这一切对萨达姆·侯赛因核心集团的影响微乎其微，有了财富和特权，他们总有办法保证高质量的医疗护理。但是这一切对于伊拉克的广大平民和公立医院而言影响巨大，后果严重。[11]

奥马尔·阿尔-杜瓦奇在战争开始后的一年内完成了自己的医学训练。作为医生，他在巴格达的主要医院亲眼见证了一切。医疗资源的供应有限，而且质量每况日下。他还记得连外科医生戴的防感染口罩都要循环利用、反复佩戴，直到口罩彻底烂掉。普遍情况就是没有任何口罩可佩戴。

第一次海湾战争让伊拉克的医疗护理系统陷入一片混乱，2003年的美国入侵则将其彻底粉碎。医生们没有工资，甚至也没有必要的装备来完成基础工作。许多人离开或者逃离伊拉克，杜瓦奇就是其中之一。他先去了贝鲁特，然后去了哈佛大学，在那里开始攻读博士学位。在学习过程中，杜瓦奇去了趟加拿大，在那里他被告知无法再用伊拉克护照进入美国。因为他的护照是萨达姆当政时签发的，如今已不再有效。

被困住之后，杜瓦奇遇见了加拿大医学人类学家阮荣金博士，并开始和他一起工作。[12] 阮博士的研究兴趣相当国际化。他的父母分别是越南人和瑞士人，他在英国长大，然后去了加拿大。在学习和研究生涯中，他深深着迷于全球对HIV（人类免疫缺陷病毒）的反应，并且想了解对于非洲那些身染艾滋病的人而言这意味着什么。杜瓦奇对护理、外伤以及战争创伤问题的兴趣引发了阮博士的共鸣，在杜瓦奇想办法返回美国的时候，阮博士为他提供了住宿。两人成为亲密的朋友和学术同行。阮荣金和杜瓦奇在之后的几年将会继续合作研究战争冲突和战争创伤的问题。

最终，杜瓦奇成功地返回美国，但不再以伊拉克公民的身份。祖国遭到轰炸、入侵，孤立无援，让他成了难民，他本人并不情愿接受这一身份，但这是唯一能返回美国完成博士学业的方法。获得了学位证书之后，杜瓦奇去了贝鲁特美国大学，开始和阿布–西塔一起合作战争医学项目。由于杜瓦奇就是伊拉克人，他成功地在阿布–西塔和大批伊拉克患者之间建立起信任的桥梁，很快开始获得大量数据。

他和阿布–西塔获悉，美国的入侵不仅摧毁了伊拉克的医疗护理体系，还留下了战争残屑：从子弹、弹片、炮弹到被污染的土壤和水源。

战争还间接影响到了该地区的药物供应。由于即时供应渠道极为稀少，
伊拉克人一旦生病，只要有人承诺提供药物，不管对方是什么人他们都
愿意买。任何质量的药物供应都少得可怜。很快，药剂师（一些是真的，
另一些是假的）发现，一线抗生素不再发挥疗效，所以他们开始给任何
付得起钱的人注射药物。注射往往起效快，药片则被认为会起效慢些。
像碳青霉烯类这样的主要抗生素自由流通。但是，质量监控不存在，准
确的诊断少之又少，严重缺乏医疗监督。结果，许多患者出现在约旦或
者黎巴嫩的医院中。

杜瓦奇一直和自己的朋友阮博士保持联系，两人和阿布–西塔一起
开始调查伊拉克战争和鲍曼不动杆菌快速传播的联系。虽然没有确凿证
据，但他们合作的结果中出现了许多明显的迹象。从1994年起，科学家
已经知道重金属会引发不动杆菌的耐药性。[13] 这些重金属不是地区特产，
而是现代战争武器中所含的。从医院到污水管道，各种基础设施分崩离
析，结果带来双重性破坏：污水管道破裂，混入水源供应系统；而建筑
材料中用到的水泥和金属被炸成碎片之后，也同样污染了水质。该研究
团队得出结论，这样的污染会导致耐药性产生。

但是，战争是耐药性产生的原因，还是说两者之间只具有相关性
呢？无人能够展开清晰的实验来证明。答案模棱两可，而且也许会永远
如此。但是细菌不在乎。不管是因果关系还是相关性，细菌都存在于环
境中，而环境也足够糟糕才会被它们轻松利用。细菌向着耐药性一步步
演化再演化。无论这个问题的归咎和责任归属如何（对于那些蒙受苦难
的人们，这个答案意义深远），对于不断增长的耐药菌群体来说，它们都

完全无所谓。

战争与感染永远相生相伴。在20世纪，伤员之间的感染创造了新挑战：对患者和军医来说，耐药性感染成为严重的问题。第二次世界大战期间，身处欧洲战场的卡特勒看到了耐药性感染；越南战争期间，霍姆斯调查了耐药性感染。现在，这些感染又以最讨厌的形态出现在海湾战争中。事实上，这是战争的要点之一。毫无疑问，美国在入侵伊拉克的时候，就像远古的入侵者一样，意在削弱伊拉克的抵抗能力。投下的一颗颗炮弹，使用的一件件武器，目的都是带来伤害，造成创伤。而在占领以及国际制裁期间，目标仍然是造成足够的伤害，好让伊拉克以符合美国利益的方式行动。

但是，细菌对此毫不在乎。它们不用遵循国家边界，毫无国家忠诚感，永远是为了自保、自我提升和自我复制。

第23章

使用权与用药过量

按照印度的标准，库姆河和阿迪亚尔河是两条短河。请想一想恒河，它发源于喜马拉雅山脉，山上的冰川融汇其中，恒河蜿蜒1 569英里（约2 525千米），穿过整个印度，最终汇入孟加拉湾。虽然库姆河和阿迪亚尔河将南印度的文化和经济中心金奈市划分为三个区域，但两条河的总长度不过160千米。金奈市原名马德拉斯市，拉玛南·拉斯梅纳理恩就是在这座城市长大的。[1]

拉斯梅纳理恩在高中阶段学习成绩优异，被工程专业录取。从一开始，他就在质疑自己选择的领域。他认为这一领域无法提供可解开始终困扰自己的问题的方法。那两条勾勒出故乡金奈的河流遭受了大面积污染。至于污染的原因，政府机构毫不迟疑，它们永远指向居住在河流下游的居民，认为那里是城市污染最严重的地方，而在那里生活的人也是城里最贫困的人。住在河流上游的人士裁定说，这些下游居民要对他们所生活的污秽环境负全部责任。

拉斯梅纳理恩并不相信这种说法。他沿着河流上游寻觅，决定自己找出原因。他发现的结果清晰明了：来自上游地区的垃圾和污水顺着河流向下，而且因为上游的河水持续流动，所以那里的水更加干净。显然更多的富裕家庭才是问题的原因，生活在下游地区的人们不仅承受着后果，还要受到他人的指责。这种差距给他上了宝贵的一课。金奈市的环境污染问题不是工程问题，它需要社会科学和宣传工具来帮助解决。

拉斯梅纳理恩从印度出发，去了西雅图华盛顿大学攻读博士学位，他的导师是加德纳·布朗。布朗帮助拉斯梅纳理恩将他的两大兴趣结合到了一起：户外运动，从社会学角度关注公共卫生问题（两人总是边在华盛顿州徒步，边开小组会议）。也正是在这段时期，拉斯梅纳理恩对抗生素和抗生素耐药性产生了兴趣。当时是21世纪初，只有一小部分科学家和研究人员注意到了日益严重的耐药性问题。在这一小群人中，拉斯梅纳理恩在华盛顿特区一个名叫"未来资源"的组织内得到了一份工作。2005年，两次偶遇彻底改变了他对抗生素耐药性的看法。

有一天，拉斯梅纳理恩正搭车去参加在华盛顿特区召开的一场会议。他的司机是一个来自巴尔的摩的年轻黑人，他问拉斯梅纳理恩做什么工作。拉斯梅纳理恩解释了他的工作、他要去参加的会议的目的，就在此时，司机讲了自己的故事，而这个故事和耐药性感染有关。实际上，因为耐药性感染，司机已经进进出出医院好几次了。这个司机一步步被推入贫穷和绝望的深渊，因为医生无法治好他的感染。持续性的耐药性感染让他无比绝望。

与此同时，拉斯梅纳理恩遇到了另一个人，此人名叫迈克尔·贝内特，说起来，正是他把拉斯梅纳理恩介绍给了自己的父亲马克·贝内特。老贝内特是乌克兰犹太移民的后代，在纽约市的贫民窟长大。[2] 当第二次世界大战爆发的时候，马克·贝内特在军队服役，成为南太平洋战斗中的英雄和退伍老兵。他不仅从战争中活了下来，同时还设法战胜了在战斗时接触到的疟疾。他这人无法被贫困和在纽约市遭遇的任何反犹主义或者战争创伤打倒。但是，有一样东西把他彻底击垮了：MRSA。

　　马克因各种小病小痛，反反复复跑医院，最终一种感染开始慢慢吸干他的生命能量。而治疗马克的医生常常粗心大意，糊里糊涂，或者冷漠对待他遭受的痛苦。如今，马克的儿子迈克尔正竭尽自己所能，让那些同样与耐药性感染斗争的人们不会重蹈他父亲的覆辙，他的父亲正是因为这种或者那种感染而反复进出医院。在华盛顿特区的一场听证会上，迈克尔把自己的故事告诉了拉斯梅纳理恩，这也引起了听拉斯梅纳理恩简报的国会人员的共鸣。在拉斯梅纳理恩的故乡印度困扰着贫苦人民的问题正在让全球人类遭受磨难，他决定采取行动，而他的专攻对象就是MRSA。

　　首先，拉斯梅纳理恩调查了问题的严重程度。这个看似明显的问题其实无人问津，没有人统计过每年有多少人死于MRSA。2007年，拉斯梅纳理恩及同事发表了一项研究，表明在1999--2005年这6年时间内，MRSA相关住院率增加了60%以上。[3] 1999年，美国MRSA相关住院病例不到13万例；到了2005年，这个数字接近28万例。有了数据的支持，拉斯梅纳理恩提议，MRSA应该成为国家级疾病控制的重点对象。在接下来的10年内，由拉斯梅纳理恩和同事们领导的几项研究将会重塑美国的焦点，并最终改变全球的争论焦点。

　　为了能够系统性地研究耐药性问题，拉斯梅纳理恩创立了一个全新机构，名为疾病动态经济和政策中心，在印度的德里和美国的华盛顿特区都有办事处。该中心很快成为全球引领评估和量化抗生素耐药性风险的机构之一。如果事实能被直截了当地公之于众，也许那些政府官员就能够把矛头指向真正的罪魁祸首，并采取行动。

2016年，拉斯梅纳理恩及其团队发表了一篇极富煽动力的报告。他们发现，全球每年因耐药性感染而死亡的5岁以下儿童约有21.4万人。[4]他们的死亡原因主要是接触了有耐药性的细菌感染。然而，因无法获得抗生素治疗而死亡的人数是这个数字的两倍。这份报告触碰到了其他人早已感觉到的紧张关系：使用权与用药过量。[5]哪种情况更糟糕：以不正确的方式——不开处方就使用抗生素，还是干脆没有抗生素？

拉斯梅纳理恩解释说，使用权和用药过量的问题尤其伤害着那些处于经济金字塔底层的人。随着耐药性程度的增强，一线药物的价格通常变得很便宜，大量流入贫困社区，因而逐渐无力对抗耐药性感染。这就意味着，穷人没有足够的财力去购买更加昂贵的二三线药物，从而导致自己的情况越来越糟。他们要么没钱购买任何抗生素，要么只购买对耐药性感染早已没有治疗效果的抗生素，而且这些药物只能杀死那些还不具备耐药性的细菌。在分析了美国抗菌素耐药性（AMR）问题的严重性之后，拉斯梅纳理恩将自己的研究聚焦于印度，他相信这个国家将会刷新全球抗生素局势。

· ·
· ·

20世纪90年代初，当拉斯梅纳理恩开始研究水污染问题的时候，世界对于水体抗生素的问题还知之甚少。到了2005年前后，情况发生了改变。就像1964年南美洲遭到污染的河流造成苏格兰阿伯丁伤寒大暴发一样，印度的大小河流持续成为各种病原体的大型储备库。但是现在，情况更加糟糕了。如今，被污染的河流携带着抗生素耐药菌。河流里还有来自人类和动物排泄物的抗生素残留，以及被直接倾倒入河流中的抗生素。在洪水泛滥期间，水中高浓度的抗生素问题无法解决，就像2015年金奈市经历的情况一样。[6] 而抗生素耐药性水平最高的水道不仅包括了印度神圣的河流——亚穆纳河和恒河，还有库姆河和阿迪亚尔河。问题不仅限于印度。当水道承载着大量抗生素而变得有毒时，它对每一个人都有影响，甚至包括那些不服用任何药物的人。最终，抗生素进入水中，科学家想知道水中是否还有解决这个全球化问题的其他线索，以及哪些社区可能是风险最高的地方。答案并没有将科学家引向大江大河，而是指向了下水道中的污水。

第24章

排泄物中的线索

弗兰克·莫勒·阿勒斯特鲁普面临一项挑战。[1] 作为一名在距离哥本哈根16千米之外的丹麦技术大学任职的教授，阿勒斯特鲁普想要检测全球粪便状况，但他经费有限。于是，他脑中灵光一现：哥本哈根卡斯特罗普机场。

哥本哈根机场从1926年起就开始运营，是北欧诸国中最大的机场，也是斯堪的纳维亚的门户，全球空中航路汇聚于此。机场位于卡斯特罗普小镇——也因此镇而得名，坐落在人口拥挤的阿玛格岛上，距离市中心很近。

2015年，阿勒斯特鲁普向机场当局提交了申请。他想要收集人类排泄物（包括液体和固体），尤其是来自美国和亚洲长途航班的乘客的排泄物。从2000年起，机场大幅扩张，在最近10多年内来自亚洲和中东的航班每天带来了成百上千的乘客。此外，还有从美国和加拿大直飞过来的北欧航空公司航线。这个申请实在够古怪，机场当局不得不停下来好好思考一下。为什么有人对疲惫乘客的排泄物感兴趣呢？

阿勒斯特鲁普有自己的理由，而且这个理由会将抗生素耐药性和社会经济问题牢牢联系起来。

·:·

阿勒斯特鲁普在丹麦乡下的农场中长大。高中毕业之后，他决定成为一名兽医，这一职业可以在农场中派上用场。到了弗兰克进入大学学习之际，科学界对于人类基因组计划议论纷纷。弗兰克发现基因组学正在蓬勃发展，令人兴奋不已。在完成自己的本科学业之后，他坚持不懈，继续钻研，终于获得了兽医微生物学博士学位。兽医微生物学和基因组学之间的联系在20世纪90年代中期刚刚开始萌芽，因此他有很大机会在这个领域留下自己的印记。阿勒斯特鲁普很快就开始了研究工作。

20世纪90年代初，抗生素耐药性问题在许多国家都受到了政治指控，包括在丹麦。在丹麦的邻国挪威，政府最高层领导就三文鱼饲料中的抗生素问题争论激烈。在丹麦，对于在动物饲料中掺入抗生素，几乎没有任何监管措施。阿勒斯特鲁普记得抗生素或多或少被当作维生素一样使用，来促进动物生长。畜牧业也很少受到监管，没人知道谁在干什么，用了哪些抗生素。

阿勒斯特鲁普发现知识的差距既迷人又扰人。在接下来的几年内，他研发出一套监管程序，能够监控丹麦畜牧业用到的抗生素。最终，这套程序成为全球许多组织和机构使用的模型，包括美国食品药品监督管理局和美国农业部。

就在阿勒斯特鲁普专心研究动物监管机制的时候，他被另一个人们在很大程度上会忽视的问题吸引了：全球抗生素耐药性监管力度的匮乏。有关全球抗生素消耗的问题其实很简单，但大部分情况下都被忽视了。尽管有一些评估算出了每年全球有多少剂量的药物用到动物和人类身上，但理解耐药性和消耗量之间的关系的问题无人问津。至于消耗模式与控制药物使用的国家政策或社会经济因素之间有什么样的关系，就连政策制定者和科学家也知之甚少。唯一的数据来自治疗相关患者的医生提交的报告。然而，这些数据非常不完整，容易受医生的偏见影响，并且侧重于只会引起医生重视的罕见病例。同时，关于可能出现在特定人群中的各种耐药性基因，这一方面的信息也几乎没有。

阿勒斯特鲁普现在领导着自己实验室的团队，决定采取行动以填补这一知识空白。然而，团队立刻就碰到了挑战。为了获取数据，他们必须先获取样本。无论是采集脸颊拭子还是粪便样本，都得满世界跑，到处收集足够数量的研究样本。这样做既不现实，也不符合伦理道德。阿勒斯特鲁普的团队想知道，有没有办法在已经汇聚了一大群人的地方采集并分析大量样本。有一个地方能够聚集这种样本：厕所。我们的粪便和液体排泄物中含有能够用于分析的细菌基因。研究必须系统性地展开，而样本必须来自世界各地且收集方式不能让实验室倾家荡产。

●　　●　　●
●

如果长途飞行后的排泄物能够被收集并分析，这个团队就有可能弄清楚耐药性基因的存在和世界各个地区之间的联系。当局确定这些申请不是恶作剧之后，团队便从18个国际航班的乘客中收集到了大量排泄物，这些航班来自世界的三个不同地区的9座城市：曼谷、北京、伊斯兰堡、纽瓦克、康克鲁斯瓦格、新加坡、东京、多伦多和华盛顿特区。[2]每一个航班载有约400升的人类排泄物。这个量刚刚好。弗兰克及其团队不需要成吨的排泄物，只需要有代表性的样本即可。一旦收集完毕，研究人员就在阿勒斯特鲁普实验室进行分析，使用的方法是全基因组测序——这一过程让研究人员能够解读出有机体的完整DNA蓝图。在这里，DNA蓝图就是排泄物样本中细菌的DNA，分析结果将会提供明确的信息，让研究人员知道这些细菌中是否存在耐药性突变。

全球耐药性模式开始显现出来。分析结果表明，来自南亚航班的样本对β–内酰胺类药物具有更高的耐药性基因丰度，这一类药物包括青霉素、碳青霉烯和头孢菌素。[3] 肠道沙门氏菌和诺如病毒在南亚比在北美更加流行。研究人员当即得出以下结论：在美国非常有效的政策可能在印度就行不通了。

当然还有一些问题：团队采样的人类排泄物来自以哥本哈根为旅程终点的人，但他们可以从任何地方出发，通过联航抵达。因此，收集到的数据无法指出其出发地的情况。关于乘客的社会经济状况，也无从定论。

阿勒斯特鲁普知道，要解决这些问题只有一个办法。团队不能仅限于关注乘客抵达哥本哈根后的排泄物，还需要考察航班出发地所属城市未处理的国内污水情况。他们不仅要采集卡斯特罗普机场的样本，还要到6大洲各大城市内未经处理的污水处理厂采集样本。研究规模以戏剧性的方式扩大，同时也变得越来越贵。

阿勒斯特鲁普开始众包这个项目。他给自己的同事、合作者及朋友写邮件，询问他们是否有兴趣加入这个项目。他的团队创立了一套机制，以便世界各地的团队表明自己的参加意愿。最终，他们获得了足够数量的支持，团队由此启动了"全球污水监控项目"[4]，并且制定了一份长且周详的项目协议。样本收集自60个国家的79个不同地点，而且根据协议内容，所有样本都要在从2016年1月25日到2月5日之间的连续两天内收集。[5]

从尼日利亚到尼泊尔，从秘鲁到巴基斯坦，从多哥共和国到土耳其，样本被——收集、打包、寄送到丹麦技术大学的阿勒斯特鲁普实验室。在那里，一支由学生和研究人员组成的团队分析着这些预处理过的排泄物，检查其中是否有耐药性基因。

正如他们所预判的那样，现在他们拥有大量数据，足以产生这一扩展性研究的首个重要观点：抗生素使用并不是造成全球抗菌素耐药性问题的主要因素。相反，一个更深层次的问题浮出水面，那就是贫穷。

在较富裕的国家，比如北美国家、欧洲国家和澳大利亚，人们拥有较少与耐药菌相关的基因；而在南亚、拉丁美洲和撒哈拉以南非洲，那些更加贫穷国家的人们拥有更多耐药性基因。在像印度、越南和巴西这样的国家，恶劣的卫生条件和营养不良让人们不断产生导致耐药性出现的基因。而在像瑞典和新西兰这样的国家，政府的卫生法规和监管管理措施强劲有力，细菌耐药性问题的严重程度就低得多。

研究结果让人大受启发，但也令人震惊不已，因为尽管人们已经花费了上百亿美元试图解决问题，但这仍然是全球面临的现实。很快，污水问题和卫生问题使巴基斯坦南部的一个城市成为世界卫生地图上的焦点。原因又是什么呢？这座城市很快就会成为耐药性伤寒第一次大暴发的中心，同样的疾病早在 1964 年就在阿伯丁引发了广泛的恐惧，但这次情况会更加糟糕，而可用的药物资源储备量已经大幅缩水。

第25章

广泛耐药性伤寒

2016年12月，鲁米娜·哈桑正好轮值负责血液培养台，当时她并没有想着会看到任何异常现象。[1] 作为一名经验丰富的临床微生物学家和病理学家，她在巴基斯坦最著名的阿迦汗大学医院工作，管理着十几名教职人员和初级医生。该医院以伊斯兰教什叶派精神领袖的名字命名，不仅在卡拉奇庞大的校园里接待患者，还在巴基斯坦各地拥有上百家分支机构，提供实验和诊断性检测服务。

卡拉奇的12月相当宜人，温度介于10摄氏度到21摄氏度。当时哈桑忙着检查血液培养样本，突然有样东西引起了她的注意。培养结果有点儿不合逻辑。她看到了不同寻常的血液培养物，情况令人担忧。她重新检测了一遍，结果肯定了自己的发现。她面前的这份样本对头孢曲松产生了耐药性，而头孢曲松是用来治疗伤寒的常规药物。

在巴基斯坦和许多环境卫生问题严重的其他国家，耐药性伤寒并不罕见。[2] 虽然阿伯丁的伤寒暴发引起过恐慌，但当时有一大堆可用于治疗的药物。然而，从20世纪70年代起，伤寒病原体已逐渐对我们的药物储备库产生了耐药性。[3] 1972年来自墨西哥的报告表示，对抗伤寒的一线药物氯霉素不再有疗效。20世纪90年代，第二轮药物氨苄青霉素、阿莫西林和磺胺甲恶唑-甲氧苄啶组合药物，都纷纷失效。临床医生再一次转换药物，这次用到的是氟喹诺酮类药物。但是到了21世纪初，这类药物也变得没有作用了。如今，医生手中剩下的最强效药物只有头孢曲松了。

最初，只有一份样本表现出对该药物的耐药性，但随着哈桑深入探究这一问题，她发现了一种趋势。在接下来的几天内，随着哈桑和她的同事萨迪亚·沙科博士检测了其他样本，越来越多的样本中出现对头孢曲松耐药的伤寒病原体。哈桑和沙科展开进一步调查。他们发现所有的耐药性样本都来自同一座城市——海得拉巴，距离卡拉奇东北部100英里（约160千米）的地方。哈桑和沙科给那里的同事打了电话，请求他们也展开调查研究。他们还给负责海得拉巴一家儿童医院的儿科医生们打了电话。阿迦汗团队现在有了法拉·卡玛尔博士加入。卡玛尔博士是一位儿科传染病专家，他联系上了在盖茨基金会工作的同事，这位同事开始在海得拉巴的水源和污水中采样，并采取行动为市里的儿童接种疫苗对抗伤寒。哈桑还与地方政府取得了联系，但对方似乎并不太担心。

还有很多事情必须完成。哈桑和她的团队开始每周都向卡拉奇地方政府发送报告，然后还将周报发送给位于首都伊斯兰堡的巴基斯坦国立卫生研究院。即使面对政府的冷漠态度和媒体的兴趣缺缺，哈桑也不愿意放弃。

一直以来，从英国医学院的学生生涯到在巴基斯坦的早期职业生涯，哈桑学会了如何拓展边界。从开始在卡拉奇的麻风病房工作，到成为巴基斯坦抗菌素耐药性网络（PARN）的创始人之一，哈桑知道了如何坚持不懈。所以，当信德省政府反应冷淡，地方和国家权力机关兴趣缺失，甚至也没有能力听懂情况进展的科学依据时，她没有回避或者退缩。相反，她开始看向更远的地方。伊斯兰堡国立机构的设备远不是最先进的。除此之外，层层叠叠的官僚机构阻碍了巴基斯坦的决策进程。如果哈桑打算绘制出耐药性的遗传标记，以便了解这是否真正是多重耐药性伤寒面临的新情况，她就需要更多的帮助。

幸运的是，她手下的一名同事扎赫拉·哈桑博士曾经和戈登·道根教授一起工作过。道根教授是英国剑桥桑格研究所的传染病耐药性遗传标记方面的专家，扎赫拉联系上了他。一开始，他的团队对此并没有多大的兴趣，因为他们会定期收到对于病原体展开遗传方面分析的请求。但扎赫拉不停坚持，道根最终同意从他们的样本中抽样检查一下。扎赫拉的团队选择寄送出整整100份样本，其中89份样本具有耐药性，而剩下的11份对一线药物治疗敏感。

与此同时，戈登实验室的一位新进博士后联系了鲁米娜·哈桑和她在卡拉奇的团队。伊丽莎白·克雷姆在获得麻省理工学院的博士学位之后，最近刚刚搬到英国。她成为连接桑格研究所道根实验室和阿迦汗学院哈桑团队的重要人物。很快，她就明白了，用于治疗伤寒的一些药物正在失效，而巴基斯坦医院的选择越来越少。克雷姆在道根的同意之下，将89份巴基斯坦样本移到了检查队列的最前面。

克雷姆很熟悉最近发表的研究。这些研究准确描述了出现在伊拉克、巴勒斯坦、巴基斯坦、印度和孟加拉的耐药性伤寒，但之前从来没有过像鲁米娜报告的那种暴发情况。克雷姆一旦开始仔细审视结果就发现了为什么这种伤寒致病菌株对所有抗生素都具有耐药性。这种菌株携带的基因赋予生物体对氯霉素、阿莫西林、氨苄青霉素和复方磺胺甲恶唑的耐药性。这还不是全部，该耐药菌株还携带一种突变，能够对环丙沙星也产生耐药性。这一发现与哈桑团队看到的情况一致。令人震惊的是，这种伤寒致病菌，也就是伤寒沙门氏菌，已经从大肠杆菌那里获得一种质粒。正如莱德伯格和渡边力证明的那样，这种可移动的DNA单元是导致多重耐药性的罪魁祸首。这种新型可移动DNA还让伤寒致病菌对另一类药物产生耐药性——头孢曲松。

团队将所有发现汇总到一篇论文中，投稿给权威杂志《柳叶刀》。编委会进展缓慢，要求他们提供更多的临床数据。但是，在克雷姆的大力支持下，哈桑一再坚持。终于，她们的文章于2018年1月发表在《柳叶刀》上。[4] 很快，相关新闻在全球铺天盖地宣传开来，登上头条。[5]

直到此刻，巴基斯坦政府才开始关注，但可选择的解决方法也确实有限。大部分患者将希望寄予一种药物——阿奇霉素。碳青霉烯类药物是另一种选择，但是价格昂贵，远远超过了贫穷公共卫生体系所能承受的范围。况且，选择碳青霉烯类药物还要求静脉输液，相应的卫生标准在乡村医院很难实现。

到了2018年12月，巴基斯坦有将近5 000人饱受伤寒致病菌株的折磨。[6] 这是首例已知的广泛耐药性伤寒暴发。美国疾病控制与预防中心向前往巴基斯坦的人们发出警告，并且报告说美国已经出现了广泛耐药性伤寒患者，这些人最近刚刚去过巴基斯坦。如今，每一家国际机构都建议使用阿奇霉素，但研究人员知道，最后一道防线终会开始出现裂痕，这不过是一个时间问题。

第26章

太多还是太少？

2014—2017年，一支由来自美国或欧洲的研究员和临床医生组成的国际团队在尼日利亚、坦桑尼亚和马拉维展开了一项大规模临床试验，他们给成千上万的儿童提供阿奇霉素作为预防措施。[1] 所有的儿童年龄都在5岁以下，无论生病还是健康都服用了此药。在研究过程中，孩子们每6个月都会收到预防性剂量的药物，为期两年。所有儿童分为数量相当的两组，总共有9.7万名儿童收到了药物，而另外9.3万名儿童作为对照组，收到的只是安慰剂而非药物。

研究结果相当惊人。[2] 在本次研究涉及的三个国家中，最为贫穷的尼日利亚的结果最具重要意义。在那里，服用阿奇霉素的儿童组成员死亡率要比对照组的低18%。在马拉维和坦桑尼亚，数字则要小得多，统计学意义也没那么重大。死亡率降低18%的试验儿童组内，药物在最小的儿童身上的影响最大——这些儿童的年龄都不满6个月。在他们身上，药物的改善作用让死亡率降低了接近25%。

在全球努力改善儿童生存率的过程中，像这样的数字相当罕见。这在2018年是一个大新闻。结论清晰明了：预防性服用阿奇霉素能够拯救贫穷国家儿童脆弱的生命。报道一出，对于将强效抗生素作为预防性药物使用的举措，人们既欣喜万分又愤怒不已，因为全球耐药性可能会毁掉那些将这种药物视作最后希望和救命稻草的社区。[3]

领导这项研究的科学家是托马斯·利特曼，他是加州大学旧金山分校的教授。[4] 利特曼在耶鲁大学学习，并在约翰斯·霍普金斯大学接受过眼科学教育，20世纪90年代末他来到了加州大学旧金山分校。当我们谈到抗生素研究的时候，可能不会想到这和眼科专家有什么关系，但是两者之间的联系可以追溯回几十年以前。

其中的联系就是沙眼，这种传染性眼病如果不及时医治，就会有致盲风险。由沙眼衣原体引发的细菌性感染自青铜器时代以来就一直存在。1897年，该疾病第一次被美国归类为危险的传染性疾病。[5] 想要入境美国的海外移民必须接受沙眼衣原体检测，一旦确诊沙眼就会被立即送返欧洲。1913年6月，时任美国总统伍德罗·威尔逊签署了一项法案，拨款资助消灭沙眼。随着卫生条件改善，防范意识增强，以及治疗方案得以改进，事实上美国已经根除了沙眼。但在世界其他地方，尤其是埃塞俄比亚和南苏丹，问题持续存在。

在20世纪90年代末，科学家发现抗生素——尤其是阿奇霉素——能够治愈沙眼。[6] 于是，2008年在埃塞俄比亚展开的一场规模有限的临床试验表明，大量使用阿奇霉素可有效提高沙眼治疗的效果，从而从根本上阻止其传播。[7] 但是，还出现了意想不到的结果。将阿奇霉素作为预防性药物大量使用，似乎还会全面降低儿童的死亡率。

由于2008年的试验目的并不是研究死亡率，因此这一结论并不确定。但包括利特曼在内的许多科学家对此产生了兴趣，决定深入调查，将自己的研究扩展到沙眼之外。提供阿奇霉素真的能够提高儿童存活的概率，让他们能够在非洲极端的生活条件下活下去吗？

　　这些科学家接触了基金资助机构，提交了一个规模非常大的临床试验方案。在方案中他们提出会给5岁以下儿童提供阿奇霉素，还会设置一个使用安慰剂的对照组。近代史上，还没有如此规模的试验。他们选择了尼日利亚、马拉维和坦桑尼亚作为试验地点。比尔及梅琳达·盖茨基金会正是利特曼联系的资助机构之一，经过来来回回多次磋商，基金会同意助他们一臂之力。

　　利特曼组织起一支来自多个研究机构的科学家团队展开试验。就像通常情况下那样，项目进展缓慢。团队用了将近三年的时间才获得了必要的各类批准文件。科学家早已整装待发，渴望着一旦手续到位，就积极展开试验检验他们的假设：大规模预防性使用阿奇霉素能够预防儿童死亡。

　　这项研究被命名为MORDOR，来自其法语名称的缩写（尼日利亚官方语言为法语），意为"通过口服阿奇霉素保持抵抗力以减少死亡率"。鉴于这个项目很快就会在科学界引起轰动，这一名称缩写恰好又让人想到了托尔金《指环王》中神秘的末日火山，和项目本身相当契合。[8]

　　到了2018年，结果相当清晰了。一年两次用药，为期两年，能够极大地提高尼日利亚婴儿的存活概率。盖茨基金会对此大加赞赏，这一事实表明我们能够在能力范围内采取干预手段，大幅减少婴儿死亡率。但并非所有人都欢欣鼓舞。

　　仍有尚未得到回答的问题：为什么预防性使用阿奇霉素会产生如此好的效果？利特曼团队没有明确的答案。他们做出了一系列假设：或许药物帮助孩子们挡住了疟疾，或许药物改变了儿童体内的微生物群，又或许药物帮助他们与腹泻或者呼吸道感染做斗争。所有情况都有可能，但无一被证实。而且"我们不能肯定"的说法无法让科学家和临床医生满意，因为他们想要知道，单一药物一年只给药两次，却做到了更加复杂的干预措施做不到的事情，这是为什么？

但是，还有一个更麻烦的问题，大家都不太愿意提及。在细菌耐药性与日俱增的今天，谁能够无缘无故就给别人用抗生素？难道盖茨基金会和利特曼不是在冒险吗？在许多国家，比如巴基斯坦，阿奇霉素是人们最后的希望之药。而这里有一支科学家和专家团队随意拿它来做试验，甚至让没有生病的儿童服用。

除此以外，如果尼日利亚制定这样的政策，那么其他国家是否会紧随其后？临床试验非常昂贵，不是世界上所有的国家都能够像尼日利亚那样展开同样的谨慎实验。但是没有这样的研究，就没有任何人知道为什么药物能产生这样的结果，每个国家又该如何决策，确定要大规模使用阿奇霉素呢？如果在尼日利亚，可以让儿童服用这种药物，在其他国家为什么不行呢？

此时，另外一个熟悉的问题也冒了出来。研究假冒伪劣药品后果的公共卫生研究人员对此表示担忧。尼日利亚和其他发展中国家几乎没有实施质量检控的法规条例。考虑到会大量使用阿奇霉素，那些假药贩子岂不是可以乘机而入？一旦人们能够获得质量低劣的药物，后果将会很难解决，比如耐药性增强等。况且，在环境中大量使用阿奇霉素也令人担忧。众所周知，抗生素穿过我们的各个系统，最终成为废料进入自然环境，流入水中或藏入土壤中。在卫生条件糟糕的国家，这就意味着更多的人和动物会接触到药物。

利特曼意识到了上述所有问题，而且不抵触批评意见。如果将大规模预防性使用阿奇霉素定为具体政策，就会出现耐药性的批评意见，利特曼是接受的。但他也提出了一个沉重的问题：我们难道就默许全球10%的儿童活不过自己的5岁生日吗？几十年来，我们努力改善水质，提高卫生条件，或许已经这么做了50年了，却没有取得任何实质性的进展。如果我们知道有一种简单的干预手段，能够拯救婴儿和儿童的生命，我们为什么不能做？

其他科学家还提出了另外一个问题：难道我们不是在给婴儿的家长提供选择的机会吗？我们可以决定：要么现在不干预，让孩子们面临高死亡率的风险；要么现在降低死亡率，但20年后可能会有耐药性提高的风险。他们将会怎么选择？当我向利特曼提出这个问题时，他反问了我一个问题："如果我们在美国提出这个问题，人们会怎么做？"

那天晚上用晚餐时，我问了我的妻子，如果我们面临这样的选择该怎么办：要么预防性使用抗生素，要么直面高死亡率风险。我们一开始的反应是一样的：让每个人都预防性地使用抗生素，无论他们有没有疾病，这种做法是错误的。我们来自巴基斯坦，在那里，对那些饱受广泛耐药性伤寒折磨的人来说，阿奇霉素是他们最后的希望。仅过去的一年，我们就有朋友和家人不得不依靠阿奇霉素和伤寒做斗争。但是，当我们深入讨论，又看着自己的两个孩子想象自己身处尼日利亚时，我们不能百分之百保证会拒绝抗生素治疗。

第27章

无须签证的威胁

"抗菌素耐药性不需要签证。"2017年在柏林举办的世界卫生峰会上，世界卫生组织总干事谭德赛这样讲道。他的意思是我们无法把耐药性病原体封锁起来。没有一堵墙，一道屏障能够阻挡它们。携带者不仅有飞机上的人类，还有启发人们制造出现代飞行器的原型动物：鸟类。

从孟加拉国首都达卡出发，向北驱车75英里（约120千米），你就能去参观位于迈门辛市的奇珍异鸟市场。那里有着罕见、色彩缤纷如织锦般美丽的鸟类，让你眼花缭乱，各种鸣啼声不绝于耳。那里的商贩们收集到的鸟儿种类包罗万象，不仅来自当地丛林，还有从遥远的热带雨林运送过来的鸟儿。富裕的父母们带着自己的孩子，在那里为昂贵鸟儿的灿烂羽毛埋单，把它们带回家作为宠物饲养。

医学博士坦维尔·拉赫曼是一位兽医微生物学家，长久以来他一直对抗菌素耐药性感兴趣。[1] 尽管在孟加拉国没有关于奇珍异鸟抗生素耐药性程度的全国数据，但坦维尔凭借自己的个人经验知道，这个问题已经广泛传播。他知识渊博，并且知道这个问题一旦扩散，几乎不可能有动物幸免。

有一天，他穿行在迈门辛市的鸟类市场中，他想知道这些异国的鸟儿们是否也已经携带着耐药性基因。野生鸟类会不会像家禽农场中的动物一样脆弱不堪呢？拉赫曼查阅了研究文献，并与兽医和微生物学家交流。他很快就确认了，没有人收集到任何令人满意的数据，从而能够回答这个问题。他决定亲自展开研究。

拉赫曼做的事情和40年前斯图尔特·列维做的一样，那就是使用动物粪便来研究它们身上的抗生素耐药性严重程度。他从宠物商店收集到鸟类粪便，开始分析样本。除此之外，他还聚焦于迁徙的鸟类，而不是那些生活在囚笼中的鸟。他想搞清楚野生环境中的鸟类是不是携带者。

随着研究得出结果，他最害怕的事情得到了确认。鸟类粪便中有一大堆抗生素耐药的细菌，耐受的抗生素包括黏菌素、氯霉素、红霉素、厄他培南、阿奇霉素和土霉素。与阿勒斯特鲁普的研究一样，这个发现产生了不少没有回答——也许无法回答的问题。拉赫曼不知道这些鸟儿是如何携带耐药菌的，可能是被人类抓住之后喂养了掺有抗生素的饲料，也有可能在自然环境中已经接触到了细菌。然而，能够确定的是，这些鸟类都是耐药菌携带者。这些奇珍异鸟给新的地方带来的不仅仅是它们的色彩和歌喉。问题不再是中国的猪养殖场，巴基斯坦的牛养殖场，或者印度的家禽养殖场。细菌想尽办法在全世界通行，有时候在鸟儿的胃中穿越国家，跨越大洲。因此解决方案必须是跨国家甚至跨大陆的。斯堪的纳维亚半岛有一位动物疫苗接种和耐药性监控方面的先驱人物，通过了解像托尔·米德维特这样的科学家的研究，提供了另一套全球性解决方案。

1961年9月，刚独立不久的刚果民主共和国正在夹缝中变得四分五裂。内战看来无可避免，分裂派运动正在宣布国家的某些区域独立。就在那年的1月，刚果的前殖民统治者比利时与美国中央情报局一起处决了这个国家首位活跃的煽动人物——他们的总理帕特里斯·卢蒙巴。危机迫在眉睫，情况日益恶化。

作为回应，联合国派遣了一支代表团飞往南刚果，他们希望能促成一份和平协议。飞机上有16人。然而，就在距离当时北罗得西亚（如今的赞比亚）的恩多拉9英里（约14千米）的地方，飞机神秘坠毁。与代表团一同前行的还有当时的联合国秘书长、瑞典人达格·哈马舍尔德。他堪称是完美的外交官，美国总统肯尼迪将其赞誉为20世纪最伟大的政治家。在内战期间，也就是哈马舍尔德死亡后的几个月，刚果陷入了长达数年的流血冲突，估计有几十万人丧生。[2]

1962年，瑞典政府在安葬哈马舍尔德的小镇乌普萨拉创立了达格·哈马舍尔德基金会，以此来纪念这位著名的外交家。该基金会旨在通过"思想会议"寻求方案，解决我们这个时代的紧迫问题。它的主要期望是外交能够消除人类最严重的威胁。

就在哈马舍尔德逝世的40年后，基金会收到了一份不同寻常的申请，申请来自奥托·卡尔斯，他是乌普萨拉大学的教授。[3]他希望召开一场国际会议，讨论的主题确实是全球威胁，但在基金会赞助的范围之外。没有战争冲突，没有交战方。然而，这个问题具有国际意义，直接关系到保护能够拯救生命的珍贵资源。基金会对此并不确定，因而质疑卡尔斯的目的是否符合其议程，但最终还是同意赞助这场会议。

这场会议的成果就是创立了ReAct——最著名的全球网络之一，网罗了科学家、临床医生、公共卫生活动家和政策制定者。⁴2005年，来自25个国家的60名与会者参加了这场由达格·哈马舍尔德基金会赞助的会议。如今，ReAct成为一个全球机构，在5大洲都有办事处：亚洲、拉丁美洲、非洲、欧洲和北美洲。该机构的大本营还是在乌普拉萨大学，而机构的使命随着其规模的增长而增多。ReAct的宗旨是在全球范围内协调其他人试图在本地甚至地区内展开的措施：加强监控，增强意识，预防感染，以及最重要的是为创建有效的全球政策开辟一条道路。

自此之后，卡尔斯成了全球熟悉的面孔。他四处争取对抗菌素耐药性研究的支持，这是他一生感兴趣的方向。他第一次见识到抗生素的强大效果是在20世纪50年代末，当时他姐姐的耳膜发生感染，必须服用青霉素。又过了几年之后，他姐姐患上了猩红热，必须进行隔离治疗。医生再一次用上了抗生素，它们作为拯救生命的宝贵资源的价值显而易见。

后来，卡尔斯在母亲工作的医院成为一名实习护士。事实上，他做的事情远远超过了一个实习生的工作范围，凡是有任何需要，这个几乎拥有无限能量的十几岁男孩儿就会随时伸出援助之手。当轮到卡尔斯决定自己这辈子要干什么的时候，他在医学和法学之间做出了选择。他选择了医学，专业则是传染病。长期以来，瑞典以一种美国没有使用的方法来提高了传染病的危险性。

瑞典有一家专注于治疗传染病的医院在乌普萨拉，也就是卡尔斯事业开始的地方。在培训过程中，卡尔斯和瑞典医生同行们被教导要珍视这些药物，只有在绝对必要的情况下才能开出处方药。这是卡尔斯在自己的研究过程中逐渐理解的，他最开始研究的是抗生素的正确用药剂量和浓度。尽管有规范性章程，而且人们普遍认识到需要谨慎对待抗生素治疗，但是不仅在瑞典，在北欧各国都存在用药剂量逐渐增加的趋势。

20世纪90年代初，瑞典南部的儿童群体中曾暴发过一场青霉素耐药性肺炎球菌感染。瑞典可能会发生这样的事情，这深深地困扰着卡尔斯。他还知道，如果处方和销售模式继续增长，更多的暴发即将到来。卡尔斯内心感到紧迫，发现众人对正在发生变化的现状漠不关心。就像斯图尔特·列维在20世纪80年代初建立"谨慎使用抗生素联盟"的做法一样，卡尔斯决定在全球范围内采取行动。

1995年，卡尔斯及同事开始通过"瑞典对抗抗生素耐药性策略项目"（该项目的瑞典语缩写为STRAMA）追踪抗生素的销售情况。让卡尔斯大为惊讶的是，诊所和医院非常乐意配合，自愿共享医生开出抗生素处方药的数量信息。随后，他们还努力减少药量。这个项目是一个巨大的成功典范。瑞典公共卫生部门对其非常关注，最终将STRAMA项目纳入国家项目行列。经过多年的努力，更多的健康组织和医生们开始参与进来，分享自己的信息，告诉大家如何减少抗生素处方药的用药量和销售策略。[5] 20年之后，类似的项目被引入了其他多个国家。

卡尔斯并没有停下脚步。尽管STRAMA成为全球改变的模型，但他知道瑞典并不能代表所有国家。如果要真正有意义地解决耐药性问题，他就需要动员全世界的专家们。2001年，WHO计划发起一次全球行动的号召，而重大的启动仪式舞台则在华盛顿特区搭建完毕。时间是2001年9月11日。

然而，那天发生的全球性事件让WHO不得不延迟会议。随着政治局势趋向稳定，瑞典敦促再次努力推动会议，而WHO的兴趣则开始减弱，原因是缺乏支撑问题严重程度的数据。当瑞典准备倡导全球关注的时候，世界似乎没有做好倾听的准备。同时，还有另外一个问题：抗生素耐药性并不符合全球疾病响应机制的现有框架。如果人们询问这次行动关注的是什么疾病，其实无法直接回答。人们希望听到像伤寒或者霍乱这样的答案，但答案并非如此简单。所以，卡尔斯决定联系哈马舍尔德基金会。

2009年，ReAct获得了影响全球议程的机会。那年，瑞典将成为欧盟轮值主席国，这意味着欧盟峰会将在斯德哥尔摩召开。随着整个欧洲的到来，卡尔斯和ReAct受邀出席，帮助制定欧盟健康议程。在这样的会议上，抗生素耐药性第一次站在了舞台的中心。这反过来促使欧盟采纳了一个全面的行动计划。

随着紧迫感增强，世界开始认识这一全球威胁并做出响应。WHO的全球行动计划（简称GAP）在2015年陆续启动，该计划融合了ReAct、STRAMA和其他机构提出的各种倡议，供各国采纳。该计划设有特定的目标和目的，各个国家能够根据自己独特的需求修改并采用。对一些国家来说，它们需要增强关注意识；而对另一些国家来说，它们需要投资基础设施建设，实施更好的监控。大家是时候看清自己的问题了。如果每个国家都做出贡献，那么世界也许能够扭转抗生素耐药性的发展趋势，这就会带来希望。

这种宝贵的资源在卡尔斯还是一个小男孩的时候就引起了他的注意，在他成为科学家后不断激发他的潜力，引导他建立一个组织，改变了人类保护这种资源的进程，并成就了他一生的事业。回顾过去40年来耗费他一生精力的使命，有一个问题仍然困扰着他：如果一开始就没人去开发这一资源，情况又会怎样？因为现在，制药企业正成群结队地跳下抗生素这艘救生船。

第28章

干涸的生产线

2018年7月11日,彭博新闻社的新闻头条标题是"诺华制药退出抗生素研究,在海湾地区裁员140人"。这则新闻对研究人员和公共卫生专家来说犹如一枚重磅炸弹。不仅仅是又一家大型制药企业退出抗生素市场这么简单,因为诺华制药还有30多种正在研发的潜在药物。这家瑞士公司向公众陈述自己的理由时,用到了令人熟悉的语言。那些早已撤离抗生素市场的公司都用了同一套说辞。诺华制药的发言人表示,公司希望"将资源优先投入其他领域,因为我们相信我们能在研发创新药物方面取得更好的成绩"。

就在诺华制药发表声明的两个月前,爱尔兰的艾尔建公司决定将15亿美元的投资撤出传染病领域,转而投入其他领域,比如投向眼部医疗和神经系统疾病研究。[1]两年之前,另一全球制药巨头阿斯利康则出售了其抗生素业务。[2]在所有的大型制药企业中,只有四家(辉瑞、默克、罗氏和葛兰素史克)仍对抗生素保有兴趣。但鉴于现实情况,我们很想知道它们是否也在考虑退出。

制药公司对抗生素研究的怀疑建立在历史和财务现状的基础上。20

世纪五六十年代正是蜜月期，面对不断做大的蛋糕，家家都想分一杯羹。但是一切结束了，而且非常突然。最后一次发现治疗革兰氏阴性耐药菌感染的新型药物已经是近60年前的事情了，也就是1962年。这种新型药物是萘啶酸，它是喹诺酮类和氟喹诺酮类药物的前体。自1984年起，再也没有新类型抗生素进入市场了。[3] 自此以后，所有所谓的新药，实际上不过是先前早已存在药物的改良版。即使药物"管道"已经枯竭，研发成本也在急剧增加，从1987年的2.31亿美元增至2001年的8.02亿美元。[4] 而监管部门要求看到更加大型的多国临床试验，并强制执行更加严格的操作规范，因此临床试验成本也水涨船高。

大部分研发流水线上的抗生素甚至最终没能进入市场。临床试验中有80%的癌症药物最终到了消费者手中，但是只有2%的抗生素能进入市场。久而久之，累积的结果显而易见。现在，约有50种抗生素药物在研发中。与此相比，仅在2014年，临床试验中就出现了800种不同的抗肿瘤药物。[5]

财务状况也很严峻。制药企业常常通过被称为净现值（简称NPV）的指标来衡量其投资。NPV是指现金流入和流出的现有价值差。对于肿瘤药物来说，净现值为3亿美元，神经障碍症药物的净现值为7.2亿美元；而对于像关节炎这样的肌肉骨骼疾病，净现值可高达11亿美元。但是，对于抗生素，这个数字是–5 000万美元。公司投资抗生素显然会赔钱。[6]

接下来，还有最后一击。在消除了所有财务和监管障碍之后，鉴于我们现在对耐药性的了解，新型抗生素将会被保留到特殊情况下使用，还要在严格监督下谨慎用药。对于每一个关注保存珍贵资源的人来说，这听上去是一个绝妙的好主意。但是，对于通过销售药物来获取投资回报的公司来说，这听起来荒谬无比。在利润驱动的制药巨头看来，放弃抗生素研发业务并不是一个艰难的决定。

举一个例子，2018年夏天，美国食品药品监督管理局批准了一种被称为"plazomicin"的半合成氨基糖苷类抗生素，用来治疗由多重耐药菌引起的复杂尿路感染，包括那些耐受碳青霉烯类药物的细菌感染。这是Achaogen公司的一项重大成果，这家制药公司总部位于旧金山南部。然而，在获FDA批准面市后的第一年，药物的销售量并不特别引人注目，公司的收入不到100万美元。到了2019年4月，这家公司申请破产。[7]

制药企业不再认为抗生素是一个很好的投资项目。但如果我们的想法都错了呢？如果我们将发现都外包给初创公司，不仅仅是在波士顿或者巴塞罗那，还有在北京和班加罗尔，情况会怎样呢？

也许我们需要重新思考一下整套抗生素发现模型。法学教授凯文·奥特森的目标就是这个。在20世纪后半叶最大的公共卫生危机之一——撒哈拉以南非洲HIV导致的流行病中，获取药物的途径变得明朗，从而让他产生了这一想法。

第29章

新瓶卖旧酒

种族隔离制度在南非已经消失6年了。纳尔逊·曼德拉不再是这个国家的领袖。但对许多南非黑人来说，种族隔离的恐怖被另一威胁所取代：艾滋病。南非共和国总统塔博·姆贝基专注于应对整个非洲大陆面临的紧迫外交问题，以及解决中产阶级的就业问题。不过，他迟早得面对摧毁无数家庭和社区的艾滋病危机。

2000年7月，姆贝基站在演讲台上，宣布第十三届国际艾滋病大会开幕，但是他的演讲没有谈论HIV，而是提出贫穷是南非面临的最大问题。他继续讨论了和贫穷相关的疾病，而让在场研究人员气愤的是，他拒绝承认是HIV导致艾滋病。两个月之后，在国家议会中，姆贝基说："病毒怎么会导致疾病呢？不可能。"[1]

鉴于姆贝基公开表达的信念，他后续的政策既无效也充满误导性，将会导致上百万人的死亡。但是，姆贝基并不是南非HIV携带者面临的唯一挑战。还有另外一个问题：药物失效了。[2]到了2000年，南非有效的抗HIV药物治疗费用每年每人将近1.5万美元，远远超出那些饱受病痛折磨的人的承受范围——他们中很多人一整年的收入少于这个数目。在大部分药物的生产地西欧，费用要么完全由国家保险计划承担，要么有大量补贴。但在南非则完全没有这种事情。

结果，随之而来的是越来越多的挫败感，牵涉到南非人在种族隔离时期不断完善的原则：公民积极性，关注意识和直接行动。扎基·阿赫马特和其他10名活动人士发起了治疗行动运动（简称TAC），这一活动平台旨在抗议治疗HIV有效药物的高昂费用。[3] 当时，抗HIV药物的专利被三大制药企业掌控，这就意味着他们控制着药物的价格，还包括获得药物的途径。但是，一家总部在孟买的制药公司西普拉进入了市场，他们专门生产仿制药，表示很乐意制造药物，并以相当于当前价格几分之一的价格向南非提供药物。西普拉没有制造药物的专利，但是TAC并不在乎专利，它想让那些需要药物的人们有药可用。为此，TAC愿意冒风险和西普拉合作，尽管制药巨头们无疑会施加国际压力。[4]

但是，几家生产抗HIV药物的大型制药企业穷追不舍。英国制药公司葛兰素史克的首席执行官称西普拉公司的领导者是"强盗"，窃取了知识产权和药物的销售收入。[5] 随着竞争愈演愈烈，南非政府摇摆不定，不知道要支持哪一方。当地和国际的公众压力强行让政府做出了选择，最终站到了西普拉这一边，同意其药物在南非市场上销售。制药巨头们不可避免地对南非政府发起诉讼，它们争辩说这违反了合同，允许仿制药企业（没有专利或者许可证）出售药物的行为使得制药企业的利益遭受了损失。

南非政府在官僚主义和优柔寡断的压力之下，对于制定让患者承担得起的治疗政策摇摆不定。患者间挫败与疲惫的情绪日益增长。而TAC

则相反，它们响应的方式是发起一场运动，唤起人们对 HIV 带来的危机以及缺乏价格可承受药物获取渠道现状的关注意识。TAC 与全球组织合作，从伦敦到纽约，从孟买到墨尔本，到处指挥游行运动。支持者对一个看似明确的争议做出回应：应该获取药物以即刻保护面临风险的生命。国际压力奏效了，制药企业撤回了他们的诉讼，TAC、艾滋病患者和仿制药企业取得了重大胜利。[6]

到了 2005 年，药物专利和获取途径成为全球法律界争论的热点话题。一些学者支持制药企业：如果它们无法保护自己在国际市场上的专利，那么它们如何维持研发创新药物和展开新投资的能力呢？其他人则为患者的利益辩护。企业可以保护自己的专利，但如果人们买不起新药，那么这些新药又有什么意义呢？既然有这么多生命面临死亡风险，难道不应该对像 TAC 这样的组织付出的努力鼓掌叫好吗？ HIV 全球危机开启了药物获取、创新和价格之间的斗争，在抗生素耐药性的背景下这三者都有着特殊意义。

一篇发表在《耶鲁健康政策、法律和伦理学杂志》上的论文委婉地提出了问题。[7] 文章作者是凯文·奥特森，当时还是西弗吉尼亚大学的法学副教授，他提出的问题是制药企业如何可能在药物获取（也就是降低药物价格）和收回研发成本需求之间获得平衡。在这份长达 100 页的报告中，有一处脚注深藏着一个观点，讲述的是知识价值随着时间流逝而变化的问题，在耐药性不断增强的今天，我们思考药物创新时需要一个新模型。奥特森写道："虽然知识不会通过使用被破坏，但它会因为变得不适用而失去价值。"[8]

简而言之，他表明如果没有知识产权法律的保护，发明者就无法从自己的发明中获得经济利益，这也就是为什么典型的专利保护期为20年。在这段时间内，发明者（或者更广义地说，专利持有者）能够大量销售自己的产品。原因也足够清晰：最初的发明者有了20年的专有收益权，专利过期之后，其他企业方能进入市场。

但是，成文的法律条款有一个前提假设，也就是说20年之后产品仍将是有收益的。那如果不是这样，情况会怎样？如果20年之后一款药物失去效力，或者更早的时候就失去了效用，反而对患者产生了危害，又该怎么办？这个问题一直困扰着奥特森，因为我们每个人正直面一个显著的例子：抗生素。

抗生素颠覆了知识产权支持创新的核心假设。一旦他确认了问题所在，奥特森就开始积极自学以了解这个问题。[9] 他学习专业内容，参加会议、研讨会、公共听证会，并收集证词。他阅读制药公司提供的信息，并与其高层进行交流。他还去结识公共卫生利益相关人士、传染病医生，以及美国疾病与预防中心的成员。

与此同时，没有任何肯定的财政理由促使大型制药企业继续制造抗生素。耐药性在不断发展，但讽刺的是，发展速度不足以支持创新。大公司逐渐放弃这一战场，转而关注与癌症和糖尿病相关的药物利润。美国食品药品监督管理局的高级官员承认了这个问题，宣布抗生素的生产线"脆弱不堪"。

在接下来的10年内，奥特森继续研究这个问题并参与国际讨论，寻求解决增加新药研发投资问题的方法。全世界正在开始关注这个问题。美国已经落后于其欧洲伙伴，但正开始改变。2014年9月，美国总统巴拉克·奥巴马发布了一项关于抗生素耐药性的行政命令。[10] 该命令要求他的科学技术委员会建立一支任务小组，并提交全国行动计划建议。他给了任务小组6个月的时间。该行动计划将成为美国应对抗生素耐药性问题的蓝图。

2015年3月27日，任务小组公布了计划内容，包括所有正确使用的术语、关于问题规模的恐怖数字、耐药菌的选择性压力，以及对获取和使用重要抗生素的管理工作。但是，该计划还包含了其他东西。每个词背后都有真金白银的支持。媒体通告宣称："提议的活动内容与总统2016年财政预算中的投资一致，这项预算将用于与抗生素耐药性斗争和预防的联邦基金数量增加了近一倍，超过了12亿美元。"

该计划强调需要更稳健的药物管道，但大型制药企业很狡猾。为了让他们的努力有意义，需要用不同的方式去执行。这项任务落在了美国生物医学高级研究所和开发局（简称BARDA）的肩上。

BARDA成立于2006年，由当时的美国总统小布什创立，旨在帮助美国更好地准备应对生物恐怖主义、化学与核攻击、大流行病，以及其他可能威胁国家安全的公共卫生紧急事件。在美国，将抗生素耐药性作为如此重要的威胁是不同寻常的举动，但白宫不想走为基础科学提供资助和基金这条常规道路。BARDA旨在集中精力，它与美国国家过敏症与传染病研究所（简称NIAID）合作后这一宗旨得到进一步巩固。NIAID的所长安东尼·福奇博士是传染病专家，也一直是美国国立卫生研究院的成员。同样，福奇厌倦于制药巨头对抗生素耐药性问题兴趣的缺乏。[11]他想要做出一些改变。

有了白宫的支持，BARDA和NIAID于2016年2月16日宣布了一个雄心勃勃的提案。BARDA与NIAID将会合作资助一个技术孵化和加速基地，投入资金2 500万美元，目的是鼓励创新和创设有潜力的产品生产线，以解决抗生素耐药性问题。孵化基地将会向生物技术公司提供资金赞助，同时不拥有创造药物的公司的任何份额；而拥有最有潜力产品的生物技术公司将会获得加速基地的资金保障，而且不要求任何回报。但是，这项大胆计划真的奏效了吗？

此时，奥特森还是波士顿大学的教授，他居住在全球最大的生物技术社群之一。奥特森看到了BARDA的提案，立刻给一位在伦敦的朋友打了电话，询问他有没有兴趣提交一份申请。约翰·H.雷克斯是阿斯利康公司的高级副总裁，他和奥特森在几次会议上合作过，共同为欧盟起草政策。雷克斯是医学博士、教授、前NIAID成员，最近成了制药公司高管，他非常熟悉药物研发过程。他大部分的职业生涯都在参与研发治疗各种感染的新药。奥特森向雷克斯提出了自己的想法：创建一个创新中心，在全球寻找发现抗生素并进行研发的最佳方案。尽管这个提议很大胆，但雷克斯喜欢并加入其中。

这意味着两人面临着艰巨的任务。BARDA不会因为他们有一个创新想法就资助这一计划。在成为合作伙伴贡献力量之前，BARDA想要真凭实据的证明，以及来自学界和业界的真金白银。为了获得2 500万美元，他们需要做的事情可不只是写下申请。所以，雷克斯发动了自己的人脉网，他第一个去的地方就是惠康基金会。

当亨利·惠康9岁时，他亲眼见证了自己的家乡——明尼苏达州加登城不断遭到当地苏族人的攻击。苏族人愤怒于失去了自己祖先的土地，而美国政府拒绝支付许诺给他们的补偿金，这进一步加剧了他们的怒火。战斗猛烈又血腥，在战争的余波中，惠康帮助自己的叔叔经营一家药店，同时也协助照料伤者。惠康甚至帮忙制造子弹，用于家乡的防御。但是前一份工作激发了他的想象力。他对医学充满热情。

后来，惠康学习了药理学，然后成了游走四方的销售员。1880年，他横渡大西洋去找自己的朋友西拉斯·勃洛斯。勃洛斯成立了 S. M. 勃洛斯公司，主要在英国进口美国生产的药品。随着惠康的加入，两人开了一家新公司：勃洛斯–惠康公司，开始提供一种新形式的药物——药片。当时，英国的药物不是粉末状就是液体。药片服用更简单，也更安全，因为每一片的含量精确相同。新药片模式迅速获得了成功。生意越来越红火，给公司带来了极为丰厚的利润。

1895年勃洛斯去世之后，惠康成了公司唯一的领导。在他的管理之下，勃洛斯–惠康公司仍然是全球技术含量最高的公司之一。惠康于1936年逝世，几年之后，以他命名的这家公司干了一件非常糟糕的蠢事：1940年，公司的两名化学家拜访了牛津大学，了解青霉素研究进展，然后礼貌地拒绝协助研发该药物的研究团队。[12]

然而，亨利·惠康的遗产出于另外一个原因保存了下来。在他去世之前，他创立了一家基金会支持生物医学研究。之后几年内，惠康基金会的规模持续扩大，到了1995年，基金会放弃了自己的制药资产，因此也和母公司不再有任何关系。

到了2013年杰瑞米·法拉尔成为基金会主席时，惠康基金会早已是英国支持生物医学研究的最大慈善机构（也是全球第二大机构）。法拉尔是这家基金会最理想的领导人。法拉尔曾游遍全世界：他出生在新加坡，在新西兰和利比亚长大。[13] 他在英国伦敦大学学院获得了自己的医学学位，然后去牛津深造取得了博士学位。他一开始朝着神经科学的研究生涯努力，但就在他要完成学业的时候，他意识到这不是自己想要做的事业。杰瑞米改变方向，投入传染病研究。一个在越南的工作机会把法拉尔带回了东南亚，在那里，他担任牛津大学在此地设立的临床研究中心主任一职长达17年。在那段岁月中，他积累了公共卫生、传染病方面，还有最重要的将科学和宣传、创新和政治政策结合起来的丰富经验。当他担任惠康基金会主席职位的时候，他身怀丰富的职业经历（还掌握了越南耐药性情况的一手证据）。

2016年，约翰·雷克斯联系上了惠康基金会。雷克斯这位科研成果丰硕的研究人员先前就有接受基金会赞助的历史，他出现在那里是为了推广奥特森的想法。惠康的团队非常感兴趣，但是在第一次会面时并没有做出任何承诺。

情况很快发生了改变：当时惠康基金会正在研究如何更好地应对全球挑战，并且正致力于开拓一个新的研究方向，旨在引入其他合作伙伴，包括发明家和生物技术公司。该基金会也愿意支持高风险高回报项目。惠康基金会倾向于支持奥特森的想法，但是他们也希望有其他伙伴加入。

此时，英国政府早已申明，抗菌素耐药性是英国国内政策的首要任务，其重要性也在全球医学和公共卫生议程中不断增加。

作为其中重要的一步，2016年英国政府建立了一个新型国家–私人合作机构：抗菌素耐药性中心（简称AMR中心）。其任务是应对全球范围内的抗生素耐药性挑战。对于法拉尔、雷克斯，当然还有奥特森来说，真是天遂人愿。到了基金申请到期的时候，奥特森手中已经有了一份1亿美元的合作基金承诺书，合作方是惠康基金会和AMR中心。

2016年7月28日BARDA宣布奥特森、雷克斯及其波士顿大学的团队获得了BARDA的基金资助，将创立加速基地来解决抗菌素耐药性问题。项目名称为CARB-X，[14]全称是对抗抗生素耐药菌。这个项目还有了实打实的金钱资助，是来自美国政府、惠康基金会和其他不同机构的数亿美元。

CARB-X的目标是推动创新，解决耐药性问题。但它不是初创公司的孵化机构，甚至不是严格意义上的风险投资公司，它为抗生素及其诊断学的临床前和早期研发提供资金。但是，这里有个注意事项：它不给基础科学领域的新想法提供资金。也就是说，接受CARB-X资金的公司需要本身就有基金赞助，而且已经有了证明原理的成果。为了激励小型公司，CARB-X与传统的风投公司不同，它不会占有公司或者最终产品的任何份额。它甚至还会给公司提供导师制度和指导建议，帮助其追求科学目标，展开临床试验。

CARB-X的工作方式就好像去浇灭火烧的房屋。有12家公司在第一年得到资金赞助，它们用仅仅两年的时间就实现了最初的5年目标。如今，这支在波士顿的团队支持着全球40多家企业。新的基金资助者也不断加入，包括比尔及梅琳达·盖茨基金会和德国政府。如今，基金总额超过了5亿美元。

奥特森在全球各地奔走，寻找优秀的想法，并鼓励小型生物技术公司申请基金。在CARB-X项目展开的第二年，他看见了真正的发展势头，此时已经有了来自7个国家的33个项目，其中5个项目已进入临床试验一期阶段。一些项目专攻新型药物，另一些则专注于现有的靶点，还有一些则专注于疫苗，另外5个项目关注新型诊疗手段。它们进展飞速，期待很高。CARB-X做的事正是大公司不愿意做的。

正如奥特森前几年在自己那份开创性报告的脚注中所写的那样，时间不总是站在你那边。反过来说可能才是正确的：你必须以最快的速度奔跑，才能始终跑在时间的前面。

第 30 章

这个想法 300 岁了

　　阿克兰·汗（为保护个人隐私，此处为化名）曾当过卡车司机，他在巴基斯坦和阿富汗两国之间来回穿梭，将货物运送给他并不认识的货主。有时候，他必须在卡拉奇的南部港口城市装上货物，然后一路驶向西北方向的白沙瓦，距离约 900 英里（1 448 千米）。如果他开车速度够快，行程中稍微睡一小会儿，也要用上两天的时间。在白沙瓦稍加休整之后，他要跨越边境，进入阿富汗。对于他运送的货物，他唯一知道的就是和美国有关系，而且货物很重要。他会不时地听到北约这个词。但是，他学会了不要问那么多问题。金钱是一个好东西，他一有时间就陪伴自己的家人，没有人在他身后紧盯着他。但后来战争爆发了，不管他卡车中的货物是什么（以及其他类似的卡车），都有人想要让他们停下来。一开始是无人机攻击，后来干脆是来自阿富汗的直升机攻击。当地人被杀害，政府采取了行动。卡车运输停止运行，而汗需要一份新工作。

　　汗需要一份可靠的工作。他必须照料自己的父母、姐妹和妻子，以及 4 个孩子。所以和村里的许多人一样，他南下搬去了卡拉奇。就像来自国内有任何恐怖活动历史背景的地方的任何人一样，汗受到了人们的怀疑，但他坚持不懈，最终找到了一份新工作——给认识他某位远房亲戚的医生当司机。

2018年，汗开始持续地咳嗽和发烧。他的堂兄告诉他可以去最近的药房买点儿抗生素，那里不要求有处方。然而，汗去找了医生，也就是他的雇主。医生给了他一些止痛药，确切地说是对乙酰氨基酚，并且告诉他不要用抗生素。服药之后，高烧退下去了，但是第二天他又开始发烧。由于吃了更多的对乙酰氨基酚也没有太大效果，汗希望医生能够给他一些效力更强劲的药物。医生建议他先去做个血液检测，把汗送到了最近的诊断实验室。

巴基斯坦全国各地有很多检测实验室，它们的营业利润丰厚。医生开出检测的处方，但因为医院往往资金不足，所以没有可以进行必要血液检测的功能性设备。于是，这个担子落到了患者身上，他们要找到一家商业诊断实验室，自掏腰包支付所要求的费用。汗去的就是其中一家，他内心很清楚，检测花的所有费用都将从他的工资里面扣除。三天后，实验室送回了检测结果。这段时间里，汗的身体始终不舒服，但是他仍然相信自己雇主的直觉。他一直在发烧，喉咙也很疼。

汗把检测结果交给自己的雇主，后者看了后认为这些结果没有明确的结论，让汗再去多做几个检测。这样的循环持续了大概两周，其间汗花了更多的钱，但在他的雇主看来，实验室结果仍然没给出确定结论。汗的身体也没有好转。他挣扎着完成自己的工作，但是他生病了，他的雇主也越来越不耐烦。最后，汗被辞退了。

汗搬去和自己的堂兄一起住，堂兄给他服用了抗生素。他吃了几天抗生素之后，身体状况变好了，他也学了一课。现在，他会在自己家里储备一些抗生素，口袋里也会放几粒抗生素。这些药物也许质量低劣，或者掺入了杂质，但是汗并不在乎。他愿意抓住机会，对他来说，这比失去生计要好多了。

全球各地有很多人遇到无法诊断他们疾病的医疗系统，汗就是其中一员。由于没有可靠的保险体系，检测费用昂贵，尤其是对于贫困人口而言；而且检测结果并不总是准确，这带来了更大的伤害。汗相信，如果他一开始生病的时候就服用抗生素，他就能保住自己的工作和薪水。他丢了工作，也失去了对医疗系统的信任。

阿克兰·汗的问题，以及全球上百万人的问题，可以通过一个名为快速诊断的技术方案解决。快速诊断是一种有效的护理技术，它不需要笨重的机器、专业技术人员或者昂贵的耗材。世界需要快速诊断技术，以准确、廉价、快速地判断发烧的原因，就像汗曾经遭遇的那样。一旦确诊，患者就能够获得正确的药物来治疗自己的疾病。正确的诊断将能保证需要抗生素的人获得抗生素，同时保证不需要抗生素的人不会在口袋里揣着抗生素药物，然后导致全球问题。由于在抗生素耐药性筛查过程中认识到快速诊断检测的必要性，一个发起于英国的新基金资助项目呼吁全球创新者来应对这一挑战。他们的激励模型根植于一个持续300多年的观点，这个观点曾改变了海上航行和全球航海方式。

1707年10月22日，在西班牙王位继承战争期间，英国水手们从直布罗陀向朴次茅斯撤退，他们确信自己正在英吉利海峡的西南部航行。然而，事实上他们正往锡利群岛驶去，撞上了海岛高耸的岩石。将近2 000名水手死亡，造成了英国最惨烈的海事灾难。事故的根本原因正是难以判断船的真正位置，结果他们也不知道自己在往哪里开。[1]

在接下来的几年内，其他类似的悲剧事故不断增加，所以1714年英国议会通过了《经度法案》[2]：任何人只要能够解决海上航船的经度定位问题，就将会得到两万英镑的奖励，这一金额在当时相当可观。许多人尝试解决这个谜题，最终赢家是英国钟表匠约翰·哈里森，他发明了能够准确测量经度的航海经线仪，从而解决了这一问题。

让我们快速回到300年之后，另一项经度奖励公布于世。英国慈善机构"国家科学、技术和艺术基金会"（简称NESTA）宣布，为了纪念约翰·哈里森发明航海经线仪300年，要再次着眼于人类最伟大的挑战。基金会将会列出6个最紧迫的挑战，要求公众从中选出一个最需要关注的议题。NESTA选出的挑战如下：不会破坏环境的航空旅行，可持续性和营养性食品的创新，恢复瘫痪人士的行动能力，在全球创建获取的清洁水源方式，让痴呆患者过上有尊严和独立的生活，预防抗生素耐药性的加剧。

投票于2014年5月开启。2014年6月24日，爱丽丝·罗伯茨教授宣布了投票结果："发明价格合理、快速精准且便于使用的细菌性感染检测方法，将有助于全球的卫生专业人员在正确的时间使用正确的抗生素。"这次的奖金约有800万英镑。

• • •

这个想法鼓舞人心，但实现起来尤为艰难。众所周知，起源不明的发烧极难诊断，就医时更是如此。虽然现代方法能够检测细菌性感染和细菌的属性，以及细菌对某种抗生素敏感与否，但目前在各护理点（比如阿克兰·汗出入的那些实验室）就医时要确定以上种种，都需要用到大量资源——包括人员和基础设施资源。上述奖项的目标是找到精准实现这项工作的方法，而且不需要上述两种资源。奖项的组织方想要保护有限的抗生素储备，因此他们希望保证只有那些真正需要药物的人才会得到药物，而且是及时地得到药物进行治疗。

对于我们的健康和生命所面临的威胁，世界变得越来越有创造力。如果对大公司的鼓励措施不足以激发他们研发的热情，那么政府和私人实体需要介入。经度奖还没有最终宣布，但这是另一个范例，也是另一种努力。它不仅要利用我们学到的科学知识，还要利用过去几个世纪内科学界所积累的经验。我们要努力坚持，以解决棘手问题为目的，不顾一切地呼吁人们竭尽所能，不仅是为了自己的利益，为了自我实现，也是为了他人。

第31章

一勺糖的奇迹

2011年的一天，我正在浏览新闻的时候，一个标题吸引了我的注意力："加上一勺糖，服药不再愁。"[1] 我听到过我的孩子和妻子不停地哼着这首歌，看来这个标题取得妙。我点击进去，想获取更多信息，发现新闻内容有关抗生素和我的一位同事詹姆斯·J. 科林斯。

科林斯在大学期间是明星运动员。[2] 他曾在马萨诸塞州伍斯特市圣十字学院的田径队练习越野跑，到了他大二的时候，他能够在4分17秒内跑完一英里（约1.6千米）。他想努力跑进4分钟之内。

艰苦的锻炼计划，再加上严苛的学业要求，开始损害科林斯的健康。大三时他患上了链球菌性喉炎。医生给他开了抗生素，服用后情况好转很多，但是几周之后他又一次病了。他连续服用了13次红霉素，感觉糟糕透了。他的家庭医生建议他停止跑步，告诉他如果不停止，他的心脏将会受到永久性的损伤。科林斯听从了医生的建议。

20年后，科林斯的母亲也和自己的儿子一样，多次服用抗生素，而且一直未能完全康复。艾琳·科林斯一直抱怨腰痛，于是去找了脊椎按摩师。在调理过程中，按摩师不小心使她的一节脊椎骨折了。这下，科林斯的母亲陷入了极大的痛苦中。此时，医生给她开了止痛药，还是需要注射的那种。注射针头可能被感染了。很快，她感染了葡萄球菌。在接下来的5年内，科林斯的母亲不停地使用万古霉素这种抗生素。医生换过服药剂量和方式，但是几乎没有差别。

20年前詹姆斯·科林斯自己的反复感染，以及他母亲最近的感染，似乎有一个共同原因，导致感染的细菌能够避免药物的攻击。这些细菌可能没有那么强的耐药性，但是它们非常狡猾。在出现抗生素的时候，它们能够进入能量节省模式，或者说睡眠模式；当攻击结束之后，这些细菌会苏醒，开始增殖，从而让感染者再次生病。这些患者体内的细菌被称作持留菌。严格来说，它们并不具有耐药性。如果它们无法进入睡眠模式，那么从遗传角度来说，它们类似于对药物敏感的细胞。但是，它们具有能够"关闭"自身的能力，意味着它们能够充当耐药性预备军。随着细菌不断地进化，那些活下来的细胞会增殖，而且下一代倾向于拥有让自己变得更具耐药性的突变。在几代之内，细菌细胞就不再需要睡眠了。它们能够通过有效的耐药机制与药物抗争。

到了2005年前后，科林斯开始对持留菌产生兴趣。他的团队正在研究如何唤醒睡眠细胞并将它们敲除，而此时他的母亲再次感染。正如他母亲的情况揭示的那样，仅仅给患者开更多抗生素并不是解决方案，必须采取其他措施。科林斯一直跟进持留菌的研究，他知道，如果提高细菌的代谢能力，这些细胞就能醒过来。如果能够恢复细菌细胞的新陈代谢，就意味着它们将会重启自己的生物化学机制，不断运作产生能量以实现自己最基本的功能，包括繁殖在内。具有正常新陈代谢功能的细菌细胞将会发生各种持续的化学反应，使其再次对抗生素易感。这让科林斯和他的团队想到了糖。在服用抗生素之前，或者和抗生素同时服用糖，这样能否唤醒持留菌，让它们成为药物攻击的目标呢？

他们尝试了几种不同的糖，包括果糖和葡萄糖，与几种不同的抗生素混合在一起。他们开始研究革兰氏阴性菌（比如大肠杆菌）和革兰氏阳性菌（比如金黄色葡萄球菌）感染中的持留菌。在他们添加了糖之后，大部分抗生素都没有发挥效果，持留菌仍处在睡眠状态，直到团队尝试了一类被称为氨基糖苷的药物。[3]

庆大霉素是于20世纪60年代初发现的一种药物，正属于这一类。科林斯和他的团队展开了一系列庆大霉素实验，这次的糖–药组合奏效了。糖分被细胞吸收，将其唤醒，从而使药物产生效果。庆大霉素常用于泌尿系统感染（简称UTI），所以该团队想知道，糖–药组合在他们的培养皿之外是否同样有效。他们决定用患有UTI的小鼠模型检测自己的假设。只要他们添加一定的糖分，药物就能清除感染，解决持留菌问题。

实验结果让科林斯和他的团队如愿以偿，因为他们更多地考虑了添加剂如何帮助抗生素更好地发挥疗效。而抗生素如何影响我们的微生物组，是科林斯的实验室致力解决的另一个谜团。最初，对于科学家来说，他们的关注焦点在于杀死细菌。但是，近期研究发现强调了肠道菌群的重要性。从酸奶到健康食品，新产品和市场营销活动都在宣传保护，甚至强化肠道微生物菌群。这引出了一个问题：抗生素会对我们肠道中有益的细菌做什么？

科学家想要知道，抗生素是否以完全不可逆的方式真正改变了我们的肠道微生物菌群。但是，科林斯的想法略有不同：要是我们使用抗生素和其他分子（比如糖）来促进肠道菌群抵抗感染，情况会怎样？我们能否让肠道菌群的作用不仅仅保持健康？又或者，我们能否从内部改变细菌，利用细菌内部的自然进程，让现有的抗生素效果更加强劲，甚至在那些看起来不再有疗效的情况下依然如此呢？

第32章

倒拨演化时钟

20世纪80年代，伊朗和伊拉克之间一场毁灭性的战争打得如火如荼，战争正在摧毁这两个国家，但伊朗的损失更加惨重。强制性征兵将几乎一整代年轻人送上了前线，很多人就此一去不返。灯火管制和袭击警报是家常便饭，经济停滞，许多人开始寻找任何能够逃离这个国家的机会。

胡拉·梅里克的家庭正是其中之一。[1] 梅里克一家人生活在伊朗市中心，距离高尔吉大街不远——这条街正是以胡拉母亲的名字命名。他们生活富裕，受人尊敬，颇有权势。但是，战争改变了一切。1983年，胡拉的哥哥正好快满14岁，没人希望他被征召入志愿军。得益于一位生活在美国的叔叔，一家人申请了美国绿卡。移民局正在处理他们提交到美国国务院的案子，尽管看上去能帮上忙，但美国人并不着急。然而，任何推迟离开伊朗的情况都意味着胡拉的哥哥可能会被拉去参军，成为眼下这场神圣战争伟大事业中的炮灰。

一家人先搬去了土耳其。1985年8月，他们抵达了伊斯坦布尔。在那里，他们重启了绿卡的申请程序。每6个月，他们会和伊斯坦布尔的美国领事碰头进行听证会，之后被告知绿卡很快就会下来。这套程序一走就走了 13 年。在尝试定居伊朗无果之后，胡拉一家人在 1988 年迁到了安卡拉。这家人挣扎着生存，在这段时间内，他们一直在等待自己的绿卡。1989 年，胡拉的哥哥高中毕业，准备去北塞浦路斯学习工程学。胡拉的父亲先独自返回伊朗，然后胡拉和她的母亲追随而至。在伊朗，他们发现境况更加艰难。就在 9 个月之后，三个人全部搬去了北塞浦路斯和她的哥哥一起生活，他们和几个大学生一起挤在一栋小小的公寓内。

他们身上的钱所剩无几。他们住的房子到处都是弹孔，让人想起了 1974 年土耳其入侵塞浦路斯的历史。在几乎毫无选择之时，胡拉和她的母亲得到了一个机会：她们能够得到免费的住所，回报就是要给大学生们洗衣做饭。当时胡拉只有 9 岁，她和她的母亲轮流进厨房做饭，但是她的母亲经常生病，一直在和精神疾病斗争。最终，母亲被确诊患有双向障碍，而她的父母此时也离婚了。胡拉和她的哥哥必须照料自己还有自己的母亲。

当他们的绿卡终于办下来的时候，没有一个人感到兴奋。数年过去了，如今剩下的只有种种担忧。美国绿卡无法给他们带来家人团聚的未来，反而进一步分裂了这个脆弱的家庭。胡拉的哥哥已经超过 21 岁了，所以他没有资格获得绿卡。她的父母已经离婚了，所以她的父亲也失去了资格。她的母亲一直患有精神疾病，也没有经济和家庭支持，因此也无法离开。于是，胡拉成了唯一能够离开去美国的人。

当时，胡拉·梅里克刚刚高中毕业，在酒店当前台，正在等待自己的健康检测结果，完成之后她就终于能够启程去美国了。她计划去西雅图和她的姑姑生活。但是，当她给她的姑姑打电话确定最终细节时，姑姑拒绝帮助她。姑姑自己的家庭境况很不好，因此她没有能力负担起额外的责任。胡拉已经快到了山穷水尽的边缘了。

然而，事情发生了意想不到的转机。在胡拉工作的酒店正好有一家伊朗人，他们生活在美国的得克萨斯州，胡拉之前从来没见过他们。他们对彼此很感兴趣，最后，那家人询问了胡拉拿到绿卡后的打算，想要听听她有多么开心。然而，他们在胡拉的话语中听到了绝望。阿拉维斯一家告诉胡拉，她可以和他们一起生活。于是，一周以后，胡拉·梅里克出发去了得克萨斯。

胡拉·梅里克在达拉斯–沃斯堡落地之后，立马行动起来，为自己获得生活保障。她取得了驾驶执照、社会保险卡，还有一份在冰激凌店的新工作，时薪是 6.25 美元。她自己租了一间小公寓，简朴却舒适，然后立刻采取行动，在几个月之后将自己生病的母亲接到了美国。她努力学习，最终被当地的社区大学录取。梅里克从阿灵顿搬到奥斯丁，然后又搬去了休斯敦，她始终保持着优异的 GPA（平均学分绩点）。在休斯敦大学念书时，梅里克爱上了生物化学。她以优异的成绩获得了生物物理学和生物化学学士学位，同时还收获了几个权威的奖学金和助学金。

梅里克对科学的热爱带领她从休斯敦走到了波士顿，第一站是在波士顿大学担任研究技术员，然后她进入了布兰迪斯大学的研究生院，在那里研究细菌和 DNA。她表现出色，和迈克尔·罗斯巴什博士一起工作——罗斯巴什博士获得了 2017 年的诺贝尔奖。之后她还和苏珊·洛维特博士一起，用了一年半的时间完成了自己的博士论文。就在获得博士学位后不久，她去了麻省理工学院，在那里接受博士后培训，并很快跨越美国，获得了华盛顿大学西雅图分校一个令人艳羡的终身职位，而西雅图也曾是她梦想在美国开始生活的地方。

当梅里克最终抵达西雅图的时候，她对于战争、复杂性和冲突不再陌生了。她的实验室专攻的方向就是当现存系统和结构相冲突时，会发生什么。当然，她和她的同事通过观察细胞内部展开研究，她们观察的是两大生物基本过程：转录和 DNA 复制。

转录是基因表达的第一步。通过这一过程，DNA双螺旋链将自身信息复制到RNA上。RNA即核糖核酸，存在于所有活的生物体内，它的主要任务就是转换DNA中包含的信息，制造出蛋白质。蛋白质是细胞的主力军，它完成大部分的工作，控制组织和器官的形成。所以，转录是蛋白质形成过程的第一步。复制的作用如其名所示，就是创造出另一份DNA拷贝，确保新的子代细胞类似于亲代细胞。

这两大过程有时候会沿着DNA双链的同一螺旋阶梯行进。你可以把它们想象成两列在同一轨道上行驶的列车，有时候它们往同一个方向前进，有时候可能会对撞上。这些碰撞可能会产生突变，有好的，也有不好的。

当然，突变是演化的核心。但是，梅里克也认识到，细胞拥有其他加速演化的机制。梅里克想要知道，我们是否能够利用碰撞的信息来倒拨时钟。演化能被减速吗？这个问题让她想到了另一个问题：通过放缓演化进程，我们能否阻止细菌产生耐药性呢？在像复制或者转录这样的细胞进程中，DNA可能会受到损伤，需要修复。修复由蛋白质负责执行，而Mfd就是一种修复DNA损伤的蛋白质。[2] 梅里克的实验室研究已经表明，Mfd也会加快突变发生的速度。[3] 如果移除这种蛋白质，结果会怎样？这样做能够防止细菌细胞变得太过复杂吗？如果能，它们还会对抗生素有反应吗？

· ·
· ·

此时，梅里克是她研究领域内冉冉升起的学术新星，并获得了维尔切克创新奖，该奖项专门颁给极富创造力的美国移民人才。就在梅里克获得该奖项之后，她受邀和自己学院的院长见了面，院长在见面时询问了她的下一步研究计划。梅里克提出了新的想法——阻断演化，听上去既有创意，又好像非常疯狂，而这种想法恰恰是美国国立卫生研究院不愿意给予基金赞助的。院长注意到了这一想法的不同寻常，也感受到了梅里克因为缺乏基金而沮丧的心情。

三天之后，梅里克收到了一封来自比尔及梅琳达·盖茨基金会的邮件，里面只有短短一句话：比尔想要周三跟你见面。

在那周三安排的简短会面中，有来自非洲和印度的公共卫生工作者，他们正在讨论抗菌素耐药性对他们各自社区的影响。来自前线的故事令人触目惊心，虽然这些故事的发生地远离伊朗和土耳其，但是对于梅里克来说再熟悉不过，让她想起了当年自己与贫穷、绝望和无助的斗争。

与盖茨以及抗菌素耐药性团队的会面改变了梅里克的一生，现在她确信自己那个疯狂的想法确实能做点儿什么，而且真的会有用。她现在有基金资助了，盖茨基金会决定支持她。

梅里克及其团队非常仔细地靶向 Mfd 蛋白，研究了抗生素对含 Mfd 蛋白致病菌的作用，并以不含 Mfd 蛋白的细菌作为对照。[4] 他们用沙门氏菌和结核杆菌进行试验，结果惊人，不含 Mfd 蛋白的细菌细胞产生耐药性的可能性降到了近 1/1 000。这些成果在科学界引起了轰动。真的可以使用药物阻止演化吗？我们能够同时给抗生素耐药性感染患者使用抗生素和"演化阻止剂"吗？

梅里克在继续追寻，要找出阻止演化进程的药物，用来处理抗菌素耐药性问题。她知道前方的道路并不容易走，也不是笔直大道。美国食品药品监督管理局会批准一种阻止演化的药物，那将是史无前例的举措。而人类试验意味着要进行细致的伦理问题调查，但是这种无与伦比的疗法的潜在好处在于能够影响全球的贫困地区，因为在那里，像结核病这样的疾病仍然难以治疗。

梅里克找到解决方案的途径是一个鼓舞人心的例子，面临强大的挑战，人类展现了自己的智慧并获得成功。得克萨斯州的伊朗家庭、盖茨基金会，以及许许多多一起支持胡拉·梅里克的人和组织，所有这些都是人类智慧的担当，也是科学胜利和希望的一部分。尽管经历了极其困难的环境，仍有一些天才坚持了下来，最后可能在我们和细菌这场竞争中扭转局面。

第33章

安全还是医疗服务?

2017年10月15日在柏林,一位50岁的医生面对着1 000多人站上了舞台。这场会议是全球健康领域最重要的年度事件之一——世界卫生峰会,从2008年起每年都在德国首都柏林举行。坐在大会议室中的有德国和葡萄牙的卫生部长,还有世界卫生组织、美国、欧盟、日本以及其他国家的外交官和高级卫生官员。欧洲大型制药企业的领导们也面对舞台正襟危坐。几乎每一个在解决全球公共卫生相关问题中发挥作用的组织都派了自己的代表,出现在会议大厅内。

当时,乔安妮·刘医生是国际无国界医生组织(简称MSF)的负责人,她在会上传递了一个重要信息,揭露了西方政府在疾病对抗方面表现出的伪善。

经过医学培训,乔安妮成为一名儿科医生。她出生于一户中国移民家庭,家人在魁北克的小城市中经营一家中国餐厅。小时候她上的是法国小学,因此她讲英语的时候带着一些加拿大法语口音。有些听众认识她,其他人则是第一次了解她的工作。乔安妮说话的时候语气平和,斟酌每一个用词。她有10分钟的演讲时间来阐明自己的观点。她集中讲了埃博拉病毒，而她传达的信息也很简单。

只有当美国和欧洲认定，埃博拉病毒构成国家威胁时，它才会成为首要之事。除此之外，西非将近11 000人的死亡只不过是发生在遥远土地上的悲剧性统计数字而已。那里的卫生系统已经崩溃，人民生活贫苦。乔安妮又给出了另外一个例子，她谈到了也门，由于近期的战争，这个国家也分崩离析。她的例子一个接一个，从非洲、中东到南亚的赤贫地区，一一强调了她的观点。

她最后的发言将矛头直指坐在她面前的部长和官员们，这让他们感到了一丝不悦。她反对富裕国家习惯于仅仅从自己国家安全的角度来处理卫生紧急事件的做法。她问道，国家利益怎么能够凌驾于挣扎求生的人的健康和福祉之上呢？如果有能力采取行动的国家把自身安危置于其他国家人民的生命之上，就没有全球健康可谈。她恳求此次峰会不要像过去的会议一样变成"一场毫无意义的枯燥对话"。

乔安妮·刘发言完毕，全场起立为其鼓掌。

乔安妮生动地回忆起她为什么会决定成为医生。[1] 这不是她的第一梦想职业，她最初的梦想是成为一名曲棍球球员。但在她读完加缪的《鼠疫》之后，她的一生发生了变化。书里的一句话触动了她，主人公说："我仍然不习惯看到人们死去。"

为MSF工作是她梦寐以求的工作。1996年她获得了一个机会，乔安妮开始在毛里塔尼亚与MSF合作。三个月后她离开了那里。当时，她认为MSF的政策是做更多的事情，而不是必须做正确的事情。她的梦想沦为苦涩的失望。尽管内心沮丧，她仍然相信MSF的使命，所以她后来回到了MSF，在斯里兰卡、肯尼亚、巴勒斯坦、海地和阿富汗工作，同一时间她还在蒙特利尔的麦吉尔大学担任儿科医生的教学工作。2013年，她竞聘MSF的负责人职位并当选了。多年来，抗生素耐药性一直是她工作中重要的议程，自从她成为MSF的总负责人之后，这个国际组织也共享了她对这方面的热忱。[2]

与其他组织相比，MSF更多地治疗遭受战争所致创伤的患者。这意味着MSF成员经常会遇到感染和使用抗生素的情况。在历史上，MSF并不参与耐药性争论，继续着自己的"最佳实际"操作方法，包括使用广谱抗生素来预防感染。这些抗生素并不特别针对某种特定疾病，而是大范围地打击感染致病菌。使用广谱抗生素同样令人担忧，因为这些药物会对肠道微生物产生不利影响。同时，与针对某一特定抗生素的耐药性相比，广谱抗生素导致的耐药性将意味着所有的抗生素都会失效。但是，MSF争辩说他们的任务是拯救生命，面对有限的经费预算，他们不得不在最短的时间内拯救生命。

检测并制定针对特定患者的治疗方案根本不可行，展开长期、昂贵的大范围检测显然也不实际。此外，由于术后护理不佳，还有产生耐药性的风险。MSF能够在自己的医院里控制感染风险，但是他们无法前往术后患者的家里照料患者，尤其是在战乱不断的赤贫地区，那里往往是他们最重要的工作地点。他们想要改变全球抗生素的使用文化，但是鉴于全球巨头们的利益，这不是一项容易的任务。国际和国内安全问题成了审视抗生素安全的镜头，但是这让MSF的许多人心里不舒服。

其中一个例子就是2014年启动的《全球卫生安全议程》（简称GHSA）。美国牵头领导创建GHSA并扩大其框架，思路是要促进解决问题的国内和国际安全方法。其拥护者认为，抗生素耐药性是经济、人民和国家安全的一大威胁，应该像应对大流行病的突然威胁那样对待它。

这一观点赢得了大国的支持，收获了来自美国的基金资助，而其他欧洲政府也紧随其后，拨出了数十亿美元的基金。但并非人人都对此感到兴奋。在推进GHSA的过程中，人们使用的语言隐隐带有战争的意味，虽然目标是解决耐药性感染，但"安全"这个词让公共卫生专家忐忑不安。而那些在战区工作的人则担心，这样的语言会导致这场全球运动无法平等对待所有人的生命。议程的保护范围会覆盖那些可能生活在"敌方领地"内的人的生命吗？对许多人来说，这样的担忧能够简单表达出来。将健康护理"安全化"听上去太容易走向健康护理武装化的道路。在发达国家安全的城市中，安全意味着安逸。

乔安妮·刘想要改变MSF在关于抗生素耐药性的国际辩论中的角色。她不再希望MSF只做旁观者。她是那些怀疑并对促进全球健康安全化感到担心的人之一。她担心在安全的幌子下，只有富裕国家的人将会受益，而最贫穷的人们一如往常地继续受苦。根据她自己几十年来在战地和人道主义危机中积累的经验，她提出最好的方法是保障每一个国家每一个人的尊严，无论那个国家的战略对于美国和欧洲国家来说是否重要。乔安妮想让世界直面全球冲突，她认为这是抗生素耐药性问题中最大的盲点之一。乔安妮并不惧怕让掌权者神经紧张，她直言不讳地讲出了耐药性传播的系统性原因，也是这一问题经常被掩盖起来的原因。

通过不断发生的战争和冲突，无论是宗教、部落、地区还是国家之间的冲突，我们都正在助细菌一臂之力。我们给细菌提供媒介，让它们能够蓬勃生长、适应、抵抗并最终影响到我们所有人，即使我们距离战乱之地十万八千里之外。要确保我们不处于永远追赶细菌的状态，唯一方法就是保证每一个人身体健康，而不是用枪炮筑起藩篱。

第34章

同一个世界，同一种健康

史蒂夫·奥索夫斯基第一次亲眼看到白犀牛的时候，他才7岁。[1]那是在卡茨基尔游戏农场，距离奥索夫斯基的家只有几个小时的车程，但是对一个小男孩来说，就好像去了世界另一头。毫无疑问，见到犀牛的时候，他也产生了同样的感觉。

奥索夫斯基的父亲告诉他犀牛来自南非，那是一个在世界另一端、离纽约市很遥远的国家。然而，当他和犀牛四目相对之时，虽然听上去不太可能，但他脑中萦绕着一个简单的想法：他们生命之间的联系也许要比人们通常认为的更加密切。那场相遇改变了小奥索夫斯基的一生，他立志成为一名野生动物兽医。

从高中、大学到兽医学院，奥索夫斯基和家畜以及野生动物打交道，收获了各种重要经验。他在大沼泽地研究佛罗里达黑豹，在肯尼亚救治大象。无论他身处世界的哪个角落，他脑中始终不变的念头就是保护野生动物。

在获得了兽医学学位之后，奥索夫斯基完成了为期一年的小型动物医学和外科手术实习。然后，得克萨斯州的一个乡村小镇格伦罗斯出现了一个机会，这个小镇在达拉斯西南方向75英里（约121千米）之外，而机会就在一个叫作化石边缘野生动物中心的地方。这个中心方圆约7.3平方千米，自1984年起对公众开放，致力于保护濒危物种。奥索夫斯基全身心地投入工作之中，他在这个野生动物中心的工作经验为他开启了新的可能性。他开始向全非洲所有的国家投递简历，询问它们是否需要野生动物兽医。博茨瓦纳政府写信回复，说可能有一个职位空缺。

奥索夫斯基抓住这个机会，打包好行囊，于1992年成为博茨瓦纳野生动物和国家公园部门的首位野生动物医生。他的大本营位于首都哈博罗内，但是他经常在这个人口稀少的大国到处行走，深入各个国家公园和野生动物保护区。

当时，口蹄疫是博茨瓦纳面临的严峻挑战。这种疾病对于畜牧业农民来说可谓毁灭性的，只要他们的牲口中出现任何这一疾病的症状，这些牲口就无法进入全球牛肉市场。口蹄疫的天然宿主是非洲水牛，它们可以将病毒传给人类饲养的牛群。历史上，像博茨瓦纳这样的国家曾采用接种疫苗、建造大型栅栏以阻挡水牛等方法来保护牲口。但是，20世纪50年代首次建造的这些兽医警戒隔挡，对迁徙的野生动物带来了巨大的伤害。几十年之后，这些问题仍然没有解决。奥索夫斯基和自己的众多前辈一样，也没有看到明确的解决方法。

1994年他返回得克萨斯，这次他踏上了化石边缘野生动物中心的领导岗位。几年之后，他在华盛顿特区的美国国际开发署获得了美国科学促进会研究员职位，又一次改变人生的机会降临了。随后，他进入非营利性野生动物保护部门，并于2003年在国际野生生物保护学会（简称WCS）发起了"动物与人类健康促进环境与发展"项目。

奥索夫斯基是接受了威廉·比利·卡列什的邀请加入WCS的。卡列什本人也经历非凡。[2] 他在南加利福尼亚的查尔斯顿长大，从小就着迷于动物。他的家成为孤零零的冠蓝鸦、松鼠和浣熊的避难所。每年夏天，他还为自己带回家的动物们创立了"软性放生"程序。在大学的时候，他努力找到适合自己的专业，从商业转向工程学，直到他一位朋友的母亲鼓励他学习和动物相关的专业——这才是他真正热衷的事业。卡列什在克莱姆森大学获得了生物学学士学位，然后在佐治亚大学获得了兽医学学位。毕业之后，他在全球各地展开了一系列实习和工作，最后去了布朗克斯动物园，现在他领导着WCS。

在21世纪初，卡列什发明了"同一种健康"的说法，从统一角度思考动物和人类健康问题。奥索夫斯基现在为卡列什工作，他们和同事鲍勃·库克一起，决定于2004年在洛克菲勒大学举办首届"同一个世界，同一种健康"大会。[3]这场将人类、动物和环境健康及管理联系到一起的会议，召开时机再恰当不过了。诸如禽流感、埃博拉病毒感染和慢性消耗性疾病此类让人们逐渐意识到，用两种分离的视角看待人类和动物健康问题正在变得越来越困难。

史蒂夫很激动，他想用一个宏大的理念来结束这场会议，并以这个理念为基础采取行动，强化"同一个世界，同一种健康"的应用。最终，他起草了《同一个世界、同一种健康的曼哈顿原则》，在会议上经讨论之后获得了一致通过。其中的一系列原则性陈述敦促全球领导人、公民社会和全球卫生界，要认识到我们的世界是相互关联的。

一共有12条原则，包括呼吁承认"人类、家养动物和野生动物健康之间的必要联系，以及疾病对人类、其食物供应和经济，还有维持我们都需要的健康环境和生态系统功能所必不可少的生物多样性造成的威胁"。其他原则还包括要求增加用于动物和人类健康基础设施的投资，进行国际合作，以及通过教育加强意识。有一些原则更为具体，包括努力减少食用野味的需求，限制大规模猎杀自由放养的野生动物，除非"多学科、国际科学界达成共识，认定某一野生动物种群对人类健康、食品安全或者更大范围内的野生动物健康造成紧迫的重大威胁"。但是，这一原则列表中缺失了抗菌素耐药性这一条。

一系列全球流行病意味着同一种健康和曼哈顿原则很快就流行起来。东亚国家定期传出禽流感病毒的报道。公众害怕新型疾病会从鸟类、猪和牛群身上传播到人类身上。联合国粮食及农业组织看到了这一机会，让动物健康和福利成为全球抗生素耐药性争议的一部分，也成为"同一种健康"的早期宣传内容；世界动物卫生组织（简称OIE）也付出了同样的努力。2009年，美国疾病控制与预防中心设立了统一卫生办事处。在接下来的数年内，大流行病的预防已成为重点领域，包括其监控、诊断和遏制。抗生素耐药性则偶尔出现在对话中，但远离争论的中心。2015年，这种情况将彻底改变。

2015年11月，一篇公开发表的论文指明，中国养猪场广泛使用的黏菌素正让细菌产生耐药性，会同时影响动物和人类健康。[4] 其他报告同样案例的研究也很快地相继发表：从印度、东南亚国家的家禽养殖场，一直到远在欧洲的工业化畜牧场。多年前斯图尔特·列维在美国看到，以及威特在民主德国看到耐药性由动物传播给人类，现在全球到处都有这种现象。小型DNA单元——质粒，能够从一种细菌跑到另一种细菌内，将普通细菌武装为超级细菌。这些耐药菌通行无阻，经由食用肉从农场进入人类体内，并且污染水源。人类和动物健康通过无数方式相互连接起来，因此解决方案必须两者兼顾。我们不能够再分别对待动物健康和人类健康问题，而"同一种健康"提供了找到解决方案的最佳途径之一。

第35章

银行家、医生和外交官

人们讲述的大部分科学发现和技术创新的故事往往都是虚构的。那些书本上、传说中、电影和戏剧中的故事，都只有一名科学家作为单枪匹马的主人公。大部分情况下这一人物总是男性，通过各种机缘巧合、创造发明，凭借自己绝对的意志力，做出了突破性的贡献。而在这一切表象中总是忽略了另一个总是存在于背景中的角色：让科学发现成为可能的人。他可能是提供经济支持者、有远见的政治家、有意愿的公众，或者高调激进的科学企业。科学才能和大量的好运几乎总是必要的，但也总是不够的。在大型科学发现成果中，需要一大批人物和丰富的历史背景。解决抗生素耐药性问题的情况也别无二致。

自1885年设立该职位以来，还从来没有一名女性被任命为英国首席医疗官（简称CMO）。2010年，萨莉·戴维斯成为第一位担任英国最高公共卫生长官的女性。[1] 广义上讲，CMO的职责就是向政府提供关于维护社区卫生健康的建议。她的前任利亚姆·唐纳森爵士就致力于减少英国高居不下的酗酒率和公众吸烟率。

戴维斯成长于书香门第，她的母亲是科学家，父亲是神学家，父母两人经常就伦理和道德问题展开辩论。她长大后专攻医学，获得了曼彻斯特大学和伦敦大学的学位。2012年，在成为CMO后没多久，她就宣布决定着手解决抗菌素耐药性问题，这一决定让她的同事大为震惊。英国公共卫生公民服务的旧制度捍卫者很不高兴。从糖尿病到精神健康再到心血管疾病，戴维斯本可以把精力集中在这些问题上，而抗菌素耐药性呢，说得好听点，是一个非常奇怪的选择，要说得难听点，会分散公众的注意力，让他们不再去关心更加紧迫的问题。私下还有流言，质疑新任CMO是否真的了解英国公共卫生问题。

对于已经受封，如今成为萨莉·戴维斯女爵士的她来说，这一选择不仅有关当下的危险，还将未来、过去和现在联系起来。毕竟，微生物学曾是英国生物学皇冠上一颗璀璨的明珠。为了取得公众的注意，戴维斯发表了一篇关于抗菌素耐药性的报告。她从一开始就知道，仅仅一篇抗生素耐药性报告并不足以引起英国和全球对这个问题应有的关注度，还需要一位比CMO更有权力的人贡献出力量。这个人就是当时的英国首相戴维·卡梅伦。

戴维斯请求和首相见面，随后被告知会面定在2014年3月19日。会面并没持续很久，在快结束的时候，她知道卡梅伦被说服了。现在需要采取行动，做些事情了。

4个月之后，在一次采访中，戴维·卡梅伦宣布了以下内容："英国这一伟大的发现让我们每家每户安全地生活了几十年，同时还拯救了全球数十亿人的性命。但如今这个'保护伞'正处在前所未有的危险中。"[2]卡梅伦提到的发现就是抗生素，让人们回忆起牛津邓恩学院的突破性研究工作。他刚刚撰写了一份关于抗生素威胁和未来的报告，该报告发表之后被引用了上千次，并且在接下来的5年内成为全球响应耐药性的金标准。而领导并监督这份报告的并不是科学家或者医生，而是一位经济学家和金融家：吉姆·奥尼尔勋爵。

你可以说吉姆·奥尼尔的运气太好了。[3]回想一下2001年9月9日，他当时正在纽约双子大厦主持会议。他本来应该多待几天，在一场商业经济学家的会议上讨论重要的经济问题，但他决定提早离开，在9月11日前一晚飞回了英国。你还可以说他有先见之明。作为一名经济学家，他的专业研究领域是中国、20世纪90年代末的亚洲经济危机，以及全球化日益严峻的挑战。这一切促使他在2001年11月写下了题为《建设更好的金砖四国全球经济体》的文章。[4]金砖四国（简称BRIC）指的是巴西、俄罗斯、印度和中国，奥尼尔首创的BRIC这个词，现在已经成了标准的经济学术语，指代的不仅仅是这4个国家，还有所有新兴的经济体。但也许更重要的是，你可以说吉姆·奥尼尔是那种引人注目的人。

2014年5月，吉姆接到了英国财政部一位高级官员的电话，对方提议他接受一个新职位，该职位由首相戴维·卡梅伦亲自设立。具体任务是什么呢？领导抗菌素耐药性的全球综合审查工作。此前，吉姆从未听过这一议题。他回家后一直在考虑这一提议，家人劝说他应对这一挑战，他最终同意了。

一个月之后，吉姆·奥尼尔告诉萨莉·戴维斯，他要做些不同的事情。他打算从全球经济角度解决这个问题，毕竟这是他熟悉的领域。经过两年无休止的会议、数据收集和数据消化马拉松，吉姆及其小团队提出了自己的"十诫",试图扭转局势。这"十诫"包括大规模的全球公众意识觉醒运动,改善卫生条件,预防感染,在农业和畜牧业中减少抗菌素的使用,在全球范围监控耐药性和抗生素消耗情况,研发快速诊断手段,研发疫苗和可替代方案,启动创新基金以资助新型诊断方法和药物的研发,改良激励机制以鼓励新药研发(并改善现有药物),以及创建全球行动联盟。他还倡导改善工作条件,提供合理薪酬,以及公开赞誉传染病领域工作者的贡献。

奥尼尔的调查发现,如今已经成为所有关于抗菌素耐药性挑战的讨论的一部分。[5] 然而,困扰世界的不是他的"十诫"中列出的内容,而是吉姆和他团队做出的评估。如果什么都不改变,如果我们继续走现在的道路,到了2050年,因为耐药性感染,全球每年将会有1 000万人死亡。死亡人数等同于纽约市和芝加哥市这两座城市的总人口数量。[6] 奥尼尔的报告不是没有遭到批评,[7] 但是到了2016年秋季,一场国际谈话就此展开。

戴维斯使用奥尼尔的报告来推进全球变革。她的高光时刻是2016年9月21日在联合国总部。这是联合国历史上第四次就卫生问题举办高级别国际会议,旨在寻求解决方案,与不断变得严重的抗菌素耐药性威胁进行斗争。所有193个联合国成员国投票支持解决方案。这是一条漫长的道路,世界各国政界人士、工作人员、医生和活动家开了无数的会议,付出了巨大努力。戴维斯选择抗菌素耐药性作为我们时代亟待解决的问题,这一决定得到了大众认可。

更重要的是,英国首位女性医疗官获得了首相的支持和公众兴趣,而首相又任命了一位经济学家来解决全球健康问题。在讲述这个科学进展故事的时候,我们窥探到希望的理由。当全人类,而不是某一个人或者某一个国家,面临着每年可能会威胁到1 000万人生命的风险时,将某一位独行科学家的聪明才智作为唯一的希望，这种做法不仅不明智，也违反历史规律。拥有最聪明和最大胆思想的科学家和创新者需要我们通过源源不断的基金赞助予以支持，另外社会科学家、经济学家、人道主义者、政策制定者和公共卫生从业人员也是如此。如果要取得圆满结局，人类的未来需要关注这出大戏中的每一位相关参与者。实际上，这出戏的主人公就是我们自己。

结

语

　　传记很少涉及未来。但是，抗菌素耐药性确实拥有未来，而且它的未来将会影响我们生活与死亡的方式。每年有上千万人死亡的潜在未来末日图景真实存在，但是，近几年充满希望的发展也真实存在。在技术层面，疫苗[1]和噬菌体疗法[2]带来了希望。在经济层面，人们正在提出各种思路，激励制药企业努力展开研发。[3]世界卫生组织内部出现了新的紧迫感，想要提高监控力度，并赋权给所有国家——无论富裕贫穷，不分大国小国。像皮尤慈善信托基金这样的机构正结合数据收集、信息共享和意识增强等手段，强调与耐药性问题相关的风险和可能性。[4]而新闻调查局组织则创建了自己的项目，通过对耐药性和感染等核心问题进行调查报道，突显问题。[5]

　　这些足以扭转局势吗？

　　我们应该感到害怕，因为这个问题没有明确答案。生产线中的药物可能成功，也可能失败。市场和投资者都是无情的，他们喜欢把钱存放在投资回报收益最大的地方，这个地方不一定要给人类带来最大益处。噬菌体有潜力，但很少有大型临床试验支持它们的潜力。疫苗无法替代所有的抗生素；而且全球以各种形式出现的反疫苗运动，也在持续提出挑战。国际宣传运动广受欢迎，而且针对性强，但是很少能够普及到偏远农村地区的小型农户们，比如西非的布吉纳法索或者玻利维亚这样的地方。许多国家行动计划是在2017年联合国决议之后才创建的，它们只是纸上谈兵。这些计划的执行需要金钱和政治意愿，现在太多的官员只是坐在不同卫生部的办公室内，并不清楚如何实施这些计划。

同样令人关注的是民粹主义者对全球化的反应，这仅仅是从经济角度，而不是从抗菌素耐药性角度来看的。减少国际参与、支持本国主义、竖立高墙、惩罚那些反对"我们国家优先"理论的人，这种愿望让建立国际合作伙伴关系难上加难。以色列传染病专家吉利·雷杰夫与巴勒斯坦医生和患者共事10多年，一直致力于解决巴勒斯坦贫困社区的耐药性问题，如今却无法继续自己的工作，因为美国想要削减任何支持巴勒斯坦的项目的资金。也门和沙特战争，以及阿富汗的塔利班或是刚果的武装冲突期间，医院受到了袭击，这侵蚀着数十年来努力控制的感染和抗菌素耐药性管理。在这些冲突中用到的子弹和炮弹拥有三重杀伤力：它们一下子就夺走了中弹者的生命，让重要的卫生基础设施成为废墟，还帮助超级细菌传播，从而威胁到人类自身。

目前，人类采取的行动不但没有帮到自己，而且大力帮助了超级细菌。

细菌将会继续做它们从生命之初就开始做的事情：演化，适应，并且准备好应对下一场生存之战。我们的行为正在协助它们装备更好的"武器"，速度要比它们凭借自身力量得到的快得多。但是，我在撰写此书过程中进行过上百次采访，尽管存在挑战和挫折，对于未来，人们始终存在一丝乐观心态。这种乐观植根于相信人类创造力，相信尚未开发的巨大自然资源宝库，以及相信团结一致的力量。这种乐观还基于以下两点：对和平的承诺，和照顾全球任何地方所有人的愿望。

致
谢

　　撰写本书的机会深刻地影响了我的人生。一方面，它为研究和探索开辟了新途径；另一方面，它让我有幸认识了我见过最敬业的人们。没有同事和朋友们的大力支持和慷慨，就没有这本书的最终完成。在波士顿，斯科特·波多尔斯基随时和我联系，分享他的知识、智慧和资源，也乐意回答我所有的问题，甚至是那些没有什么意义的问题。在牛津，我认识了克拉斯·基尔希勒，他是我遇见的最聪明的科学史和医学史专家。克拉斯和斯科特一样，全程协助我。在伦敦，我与罗伯特·巴德的讨论很有指导意义，他帮助我理解青霉素的早期研究，了解人类和兽医领域中的后续抗生素政策。在奥斯陆的安妮·海伦·克维依姆·李也帮助我展开研究，尤其是在挪威，然后在整个斯堪的纳维亚半岛也是如此。我非常感谢她提供了大量材料，为本书的多个章节做出贡献。在俄罗斯，安娜·埃雷梅耶娃协助我整理出大批关于齐娜依达·埃尔莫列娃的材料。在圣彼得堡，谢尔盖伊·西多连科安排了我与雅科夫·高尔以及其他人会面。在莫斯科，奥尔加·叶弗雷梅科娃为我在高斯研究所以及莫斯科展开研究提供了便利。刚开始的时候，在美国海军服役的安德烈·索伯辛斯基协助我一起浏览了军事档案，并介绍我认识了在浩瀚的军医学领域展开工作的同事。英国NESTA慈善机构的丹尼尔·伯曼帮我理解了经度奖背后的意义。我也感谢世界卫生组织、联合国粮食及农业组织和其他国际机构的同事们付出时间，提出坦率见解，尽管存在各种政治和财政困难，他们仍然不懈地努力解决耐药性感染问题。我将会永远铭记在波士顿、柏林、日内瓦、伦敦、莫斯科、东京和华盛顿特区工作的图书管理员和档案管理员们给予我的协助。

这本书的大部分内容是我在波士顿图书馆的优美环境中写成的。那里的同事和员工慷慨地贡献出自己的时间来支持我。

我的代理人米歇尔·特斯勒从一开始就在我身边，指导我前进的每一步。在Harper Waver出版社，我和卡伦·里纳尔迪和丽贝卡·拉斯金度过了一段非常愉快的工作时光。卡伦总是在鼓励我、支持我，并向我提供了很多资源。我还非常感激阿曼达·穆恩和托马斯·勒比恩，他们帮助我理清观点，优化了叙事手法，赋予这本书趣味性。阿曼达和托马斯大方友善，还独具天赋。和他们一起工作是我的荣幸。

我在霍华德·休斯医学研究所的同事，尤其是肖恩·卡洛尔、戴维·阿赛和萨拉·西蒙斯，他们大力支持这个项目，用各种可能的方式帮助我。肖恩是著名的科普作家，也是出色的学者，尤其在本书还只是我头脑中的一个想法时，他就给予我很多帮助。

另外，我要特别感谢我研究团队中的凯莉·程博士和山姆·奥鲁布博士，两位几次阅读了我的手稿，提供了坦率的反馈意见，让手稿在许多方面内容更加丰富。

我的姐姐拉比娅和法琪雅，以及她们的丈夫乌马尔和哈姆扎，还有我的嫂子莎伊斯塔，都始终鼓励并支持我。我的侄子和侄女给我带来了无尽的快乐。我的哥哥卡西姆凭借其渊博的知识和智慧，以各种方式激发我的创作灵感。尽管我们的学术领域不尽相同，他那严谨的态度和通透的学识仍然照亮着我的研究方向。我还要感谢我太太一家人的支持，尤其是我的岳母塔兰纳德·西迪奇。

　　我的儿子拉汉姆和女儿萨玛，每天让我们家中充满欢声笑语。他们的机灵才智、迷人笑容和满是感染力的笑声，让我家成为写作的最佳场所。

　　最后，我要将最衷心的感谢献给我的妻子艾弗琳。我无法用具体的话语感谢她，无论英语还是其他任何我懂得的语言都找不出最确切的词。她不仅是我的伴侣，还是我最好的朋友，在我写作的过程中，每一步都有她的帮助。从这本书的思路确定的那一刻开始，到最后给编辑发送邮件，她都陪伴在我身边。她永不停歇的支持、善良、远见和精力投入，让我得以最终完成这本书。没有她，大家就没有办法看到这本书。

前 言

1 Lei Chen, Randall Todd, Julia Kiehlbauch, Maroya Walters, and Alexander Kallen, "Notes from the Field: Pan-Resistant New Delhi Metallo-Beta-Lactamase-Producing *Klebsiella pneumoniae*—Washoe County, Nevada, 2016," *Morbidity and Mortality Weekly Report* 66, no. 1 (2017): 33.

2 Helen Branswell, "Can a Flu Shot Wear Off If You Get It Too Early? Perhaps, Scientists Say," Stat News, January 12, 2017.

3 Neil Gupta, Brandi M. Limbago, Jean B. Patel, and Alexander J. Kallen, "Carbapenem-Resistant *Enterobacteriaceae*: Epidemiology and Prevention," *Clinical Infectious Diseases* 53, no. 1 (2011): 60–67.

4 L. S. Tzouvelekis, A. Markogiannakis, M. Psichogiou, P. T. Tassios, and G. L. Daikos, "Carbapenemases in *Klebsiella pneumoniae* and Other *Enterobacteriaceae*: An Evolving Crisis of Global Dimensions," *Clinical Microbiology Reviews* 25, no. 4 (2012): 682–707.

5 Jesse T. Jacob, Eili Klein, Ramanan Laxminarayan, Zintars Beldavs, Ruth Lynfield, Alexander J. Kallen, Philip Ricks et al., "Vital Signs: Carbapenem-Resistant *Enterobacteriaceae*," *Morbidity and Mortality Weekly Report* 62, no. 9 (2013): 165.

6 Kevin Chatham-Stephens, Felicita Medalla, Michael Hughes, Grace D. Appiah, Rachael D. Aubert, Hayat Caidi, Kristina M. Angelo et al., "Emergence of Extensively Drug-Resistant Salmonella Typhi Infections Among Travelers to or from Pakistan—United States, 2016–2018," *Morbidity and Mortality Weekly Report* 68, no. 1 (2019): 11.

7 Emily Baumgaertner, "Doctors Battle Drug-Resistant Typhoid Outbreak," *New York Times*, April 13, 2018.

8 CDC report available at https://wwwnc.cdc.gov/travel/notices/watch/xdr-typhoid-fever-pakistan.

9 Jason P. Burnham, Margaret A. Olsen, and Marin H. Kollef, "Re-estimating Annual Deaths Due to Multidrug-Resistant Organism Infections," *Infection Control & Hospital Epidemiology* 40, no. 1 (2019): 112–13; Centers for Disease Control and Prevention, "More People in the United States Dying from

Antibiotic-Resistant Infections than Previously Estimated," CDC News-room, November 13, 2019, https://www.cdc.gov/media/releases/2019/p1113 -antibiotic-resistant.html.

10 Susan Brink, NPR, January 17, 2017. https://www.npr.org/sections /goatsandsoda/2017/01/17/510227493/a-superbug-that-resisted-26 -antibiotics.

第 1 章　我们的敌人是谁?

1 Alison Abbott, "Scientists Bust Myth That Our Bodies Have More Bacteria Than Human Cells," *Nature* 10 (2016).

2 Dorothy H. Crawford, *Deadly Companions: How Microbes Shaped Our History* (Oxford: Oxford University Press, 2007).

3 Ibid.

4 Christoph A. Thaiss, Niv Zmora, Maayan Levy, and Eran Elinav, "The Microbiome and Innate Immunity," *Nature* 535, no. 7610 (2016): 65.

5 William Rosen, *Miracle Cure: The Creation of Antibiotics and the Birth of Modern Medicine* (New York: Penguin, 2017).

6 Ibid.

7 For a general background on antibiotic resistance mechanisms, see ReACT guide, available at https://www.reactgroup.org/toolbox/understand/antibiotic -resistance/resistance-mechanisms-in-bacteria/. A more detailed account is available at Jessica M. A. Blair, Mark A. Webber, Alison J. Baylay, David O. Ogbolu, and Laura J. V. Piddock, "Molecular Mechanisms of Antibiotic Resistance," *Nature Reviews Microbiology* 13, no. 1 (2015): 4.

8 For a discussion of MRSA origin and its potential threat, see Maryn McKenna, *Superbug: The Fatal Menace of MRSA* (New York: Simon and Schuster, 2010).

9 For basics and importance of efflux pumps, see M. A. Webber and L. J. V. Piddock, "The Importance of Efflux Pumps in Bacterial Antibiotic Resistance," *Journal of Antimicrobial Chemotherapy* 51, no. 1 (2003): 9–11.

10 Karen Bush, "Past and Present Perspectives on β-lactamases," *Antimicrobial Agents and Chemotherapy* 62, no. 10 (2018): e01076–18.

11 David E. Pettijohn, "Structure and Properties of the Bacterial Nucleoid," *Cell* 30, no. 3 (1982): 667–69.

12 For the potential global impact, see the fact sheet from the World Health Organization available at https://www.who.int/news-room/fact-sheets/detail /antibiotic-resistance.

第 2 章　5 000 万人的死亡

1 Influenza Archive, City of Boston, https://www.influenzaarchive.org/cities /city-boston.html#.

2 Laura Spinney, "Vital Statistics: How the Spanish Flu of 1918 Changed India," *Caravan*, October 19, 2018.

3 Amir Afkhami, "Compromised Constitutions: The Iranian Experience with the 1918 Influenza Pandemic," *Bulletin of the History of Medicine* 77, no. 2 (2003): 367–92.

4 Sandra M. Tomkins, "The Influenza Epidemic of 1918–19 in Western Samoa," *Journal of Pacific History* 27, no. 2 (1992): 181–97.

5　NIH News Report. August 19, 2008. "Tuesday, August 19, 2008, "Bacterial Pneumonia Caused Most Deaths in 1918 Influenza Pandemic," https://www.nih.gov/news-events/news-releases/bacterial-pneumonia -caused-most-deaths-1918-influenza-pandemic.

6　Fred Rosner, "The Life of Moses Maimonides, a Prominent Medieval Physician," *Einstein Quarterly Journal of Biology and Medicine* 19 (2002): 125–28.

7　Ibid.

8　Robert D. Purrington, *The First Professional Scientist: Robert Hooke and the Royal Society of London*, vol. 39 (New York: Springer Science & Business Media, 2009).

9　Howard Gest, "The Discovery of Microorganisms by Robert Hooke and Antoni Van Leeuwenhoek, Fellows of the Royal Society," *Notes and Records of the Royal Society of London* 58, no. 2 (2004): 187–201.

10　Jan van Zuylen, "The Microscopes of Antoni van Leeuwenhoek," *Journal of Microscopy* 121, no. 3 (1981): 309–28.

11　J. R. Porter, "Antony van Leeuwenhoek: Tercentenary of His Discovery of Bacteria," *Bacteriological Reviews* 40, no. 2 (1976): 260.

12　Nick Lane, "The Unseen World: Reflections on Leeuwenhoek (1677) 'Concerning Little Animals,'" *Philosophical Transactions of the Royal Society B: Biological Sciences* 370, no. 1666 (2015): 2014034.

13　F. H. Garrison, "Edwin Klebs (1834–1913)," *Science* 38, no. 991 (1913): 920–21.

14　For a detailed account of Sternberg's life, see Martha L. Sternberg, *George Miller Sternberg: A Biography* (Chicago: American Medical Association, 1920).

15　George Sternberg, "The Pneumonia-Coccus of Friedlander (*Micrococcus pasteuri*, Sternberg)," *American Journal of the Medical Sciences* 179 (1885): 106–22.

16　Leonard D. Epifano and Robert D. Brandstetter, "Historical Aspects of Pneumonia," in *The Pneumonias* (New York: Springer, 1993), 1–14.

17　Robert Austrian, "The Gram Stain and the Etiology of Lobar Pneumonia, an Historical Note," *Bacteriological Reviews* 24, no. 3 (1960): 261.

18　Ibid.

19　Ibid.

20　Ibid.

21　Carl Friedlaender, *The Use of the Microscope in Clinical and Pathological Examinations* (New York: D. Appleton, 1885), 75.

22　Ibid., 76.

23　Robert Austrian, "The Gram Stain and the Etiology of Lobar Pneumonia, an Historical Note," *Bacteriological Reviews* 24, no. 3 (1960): 261.

24　B. B. Biswas, P. S. Basu, and M. K. Pal, "Gram Staining and Its Molecular Mechanism," *International Review of Cytology* 29 (1970), 1–27.

第 3 章　深层秘密

1　Richard J. White, "The Early History of Antibiotic Discovery: Empiricism Ruled," in *Antibiotic Discovery and Development* (Boston: Springer, 2012), 3–31.

2　Vanessa M. D'Costa, Katherine M. McGrann, Donald W. Hughes, and Gerard D. Wright, "Sampling the Antibiotic Resistome," *Science* 311, no. 5759 (2006): 374–77.

3　H. A. Barton, "Much Ado About Nothing: Cave Cultivar Collections," *Society for Industrial Microbiology Annual Meeting*, San Diego, CA, August 13, 2008.

4　For more information about the discovery of "Deep Secrets," see Stephen Reames, Lawrence Fish, Paul Burger, and Patricia Kambesis, *Deep Secrets: The Discovery and Exploration of Lechuguilla Cave* (St. Louis, MO: Cave Books, 1999), chaps. 1–2.

5　Shayla Love, "This Woman Is Exploring Deep Caves to Find Ancient Antibiotic Resistance," *Vice Magazine*, April 18, 2018.

6　E. Yong, "Isolated for Millions of Years, Cave Bacteria Resist Modern Antibiotics," *National Geographic*, April 13, 2012.

7　Kirandeep Bhullar, Nicholas Waglechner, Andrew Pawlowski, Kalinka Koteva, Eric D. Banks, Michael D. Johnston, Hazel A. Barton et al., "Antibiotic Resistance Is Prevalent in an Isolated Cave Microbiome," *PloS One* 7, no. 4 (2012): e34953.

8　Ibid.

9　Ibid.

10　Based on the author's interview with Gerry Wright, August 8, 2018.

第 4 章　与世隔绝的朋友

1　M. Fessenden, "Here's How Cinnamon Is Harvested in Indonesia," *Smithsonian*, April 22, 2015.

2　For a photo essay on the Yanomami, see "The Yanomami: An Isolated Yet Imperiled Amazon Tribe," *Washington Post*, July 25, 2014.

3　Amin Talebi Bezmin Abadi, "*Helicobacter pylori*: A Beneficial Gastric Pathogen?" *Frontiers in Medicine* 1 (2014): 26.

4　Chandrabali Ghose, Guillermo I. Perez-Perez, Maria-Gloria Dominguez-Bello, David T. Pride, Claudio M. Bravi, and Martin J. Blaser, "East Asian Genotypes of *Helicobacter pylori* Strains in Amerindians Provide Evidence for Its Ancient Human Carriage," *Proceedings of the National Academy of Sciences* 99, no. 23 (2002): 15107–111.

5　Maria Gloria Dominguez-Bello, "A Microbial Anthropologist in the Jungle," *Cell* 167, no. 3 (2016): 588–94.

6　CBC Radio, "Amazon Tribe's Gut Bacteria Reveals Toll of Western Lifestyle," April 20, 2015.

7　Jose C. Clemente, Erica C. Pehrsson, Martin J. Blaser, Kuldip Sandhu, Zhan Gao, Bin Wang, Magda Magris et al., "The Microbiome of Uncontacted Amerindians," *Science Advances* 1, no. 3 (2015): e1500183.

8　Ibid.

9　Based on the author's interview with Gautam Dantas, March 8, 2019.

第 5 章　在种子库附近

1　Based on the author's interview with Gerry Wright, August 8, 2018.

2　K. Crowe, "Antibiotic-Resistant Bacteria Disarmed with Fungus Compound," CBC News, June 25, 2014.

3　Ibid.

4　For more information about the Global Seed Vault, see https://www.seed-vault.no.

5 Clare M. McCann, Beate Christgen, Jennifer A. Roberts, Jian-Qiang Su, Kathryn E. Arnold, Neil D. Gray, Yong-Guan Zhu et al., "Understanding Drivers of Antibiotic Resistance Genes in High Arctic Soil Ecosystems," *Environment International* 125 (2019): 497–504.

第 6 章　来自新德里的耐药基因

1 Tony Kirby, "Timothy Walsh: Introducing the World to NDM-1," *Lancet Infectious Diseases* 12, no. 3 (2012): 189.
2 Based on the author's interview with Timothy Walsh, September 4, 2018.
3 Ibid.
4 Patrice Nordmann, Laurent Poirel, Mark A. Toleman, and Timothy R. Walsh, "Does Broad-Spectrum Beta-lactam Resistance Due to NDM-1 Herald the End of the Antibiotic Era for Treatment of Infections Caused by Gram-Negative Bacteria?," *Journal of Antimicrobial Chemotherapy* 66, no. 4 (2011): 689–92.
5 Kate Kelland and Ben Hirschler, "Scientists Find New Superbug Spreading from India," Reuters, August 11, 2010.
6 Sarah Boseley, "Are You Ready for a World Without Antibiotics?," *Guardian*, August 12, 2010.
7 Geeta Pandey, "India Rejects UK Scientists' 'Superbug' Claim," BBC News, August 12, 2010.
8 J. Sood, *Superbug: India Gets Bugged. Government Downplays Threat from Drug-Resistant Bacteria*, available at https://www.downtoearth.org.in/news/superbug-india-gets-bugged-1850.
9 The controversy around the name continues to a certain extent to this date. For more details, see Timothy R. Walsh and Mark A. Toleman, "The New Medical Challenge: Why NDM-1? Why Indian?," *Expert Review of Anti-Infective Therapy* 9, no. 2 (2011): 137–41; and G. Nataraj, "New Delhi Metallo Beta-Lactamase: What Is in a Name?," *Journal of Postgraduate Medicine* 56, no. 4 (2010): 251; and "'New Delhi' Superbug Named Unfairly, Says *Lancet* Editor," BBC News, January 12, 2011.
10 Naomi Lubick, "Antibiotic Resistance Shows Up in India's Drinking Water," *Nature*, April 7, 2011.
11 "Travelers May Spread Drug-Resistant Gene from South Asia," VOA News, April 26, 2011, available at https://learningenglish.voanews.com/a/india-superbug-120747334/115208.html.
12 T. V. Padma, "India Questions 'Superbug' Conclusions, Research Ethics," SciDev.Net, April 8, 2011.

第 7 章　战争与和平

1 Chung King-thom and Liu Jong-kang, *Pioneers in Microbiology: The Human Side of Science* (Singapore: World Scientific, 2017), 221–22.
2 Venita Jay, "The Legacy of Robert Koch," *Archives of Pathology & Laboratory Medicine* 125, no. 9 (2001): 1148–49.
3 Ibid.
4 William Rosen, *Miracle Cure: The Creation of Antibiotics and the Birth of Modern Medicine* (New York: Penguin, 2017), 22–23.
5 Ibid., 23–24.

6　Gerhart Drews, "Ferdinand Cohn, a Founder of Modern Microbiology," *ASM News* 65, no. 8 (1999): 54.

7　Lawrason Brown, "Robert Koch," *Bulletin of the New York Academy of Medicine* 8, no. 9 (1932): 558.

8　William Rosen, *Miracle Cure*, 25.

9　Steve M. Blevins and Michael S. Bronze, "Robert Koch and the 'Golden Age' of Bacteriology," *International Journal of Infectious Diseases* 14, no. 9 (2010): e744–51.

10　H. R. Wiedeman, "Robert Koch," *European Journal of Pediatrics* 149, no. 4 (1990): 223.

11　William Rosen, *Miracle Cure*, 28.

12　Florian Winau, Otto Westphal, and Rolf Winau, "Paul Ehrlich—in Search of the Magic Bullet," *Microbes and Infection* 6, no. 8 (2004): 786–89.

13　William Rosen, *Miracle Cure*, 39–49.

14　Gian Franco Gensini, Andrea Alberto Conti, and Donatella Lippi, "The Contributions of Paul Ehrlich to Infectious Disease," *Journal of Infection* 54, no. 3 (2007): 221–24.

15　Hiroshi Maruta, "From Chemotherapy to Signal Therapy (1909–2009): A Century Pioneered by Paul Ehrlich," *Drug Discoveries & Therapeutics* 3, no. 2 (2009).

16　William Rosen, *Miracle Cure*, 55.

17　Stefan H. E. Kaufmann, "Paul Ehrlich: Founder of Chemotherapy," *Nature Reviews Drug Discovery* 7, no. 5 (2008): 373.

18　B. Lee Ligon, "Robert Koch: Nobel Laureate and Controversial Figure in Tuberculin Research," in *Seminars in Pediatric Infectious Diseases* 13, no. 4 (2002): 289–99.

19　William Rosen, *Miracle Cure*, 30.

20　Wolfgang U. Eckart, "The Colony as Laboratory: German Sleeping Sickness Campaigns in German East Africa and in Togo, 1900–1914," *History and Philosophy of the Life Sciences* 24, no. 1 (February 2002): 69–89.

21　Ibid.

22　Ibid.

23　John Lichfield, "De Gaulle Named Greatest Frenchman in Television Poll," *Independent*, April 6, 2005, https://www.independent.co.uk/news/world/europe/de-gaulle-named-greatest-frenchman-in-television-poll-531330.html.

24　William Rosen, *Miracle Cure*, 16–20.

25　Gerald L. Geison, "Organization, Products, and Marketing in Pasteur's Scientific Enterprise," *History and Philosophy of the Life Sciences* 24, no. 1 (2002): 37–51.

26　William Rosen, *Miracle Cure*, 26–28.

27　Maxime Schwartz, "Louis Pasteur and Molecular Medicine: A Centennial Celebration," *Molecular Medicine* 1 (September 1995): 593.

28　L. Robbins, *Louis Pasteur and the Hidden World of Microbes* (New York: Oxford University Press, 2001).

29　Gerald L. Geison, *The Private Science of Louis Pasteur*, vol. 306 (Princeton, NJ: Princeton University Press, 2014).

30　Ibid.

31 Julie Ann Miller, "The Truth About Louis Pasteur," *BioScience* 43, no. 5 (1993): 280–82.

第 8 章　噬菌体的大起大落

1   Martha R. J. Clokie, Andrew D. Millard, Andrey V. Letarov, and Shaun Heaphy, "Phages in Nature," *Bacteriophage* 1, no. 1 (2011): 31–45.

2   Félix d'Hérelle and George H. Smith, *The Bacteriophage and Its Behavior* (Baltimore: Williams & Wilkins, 1926).

3   Donna H. Duckworth and Paul A. Gulig, "Bacteriophages," *BioDrugs* 16, no. 1 (2002): 57–62.

4   "On an Invisible Microbe Antagonistic to Dysentery Bacilli," note by M. F. d'Hérelle, presented by M. Roux, *Comptes Rendus Academie des Sciences* 1917, 165:373–5; *Bacteriophage* 1, no. 1 (2011), 3–5, DOI: 10.4161/bact.1.1.14941.

5   Félix H. d'Hérelle, *Le Bacteriophage*, vol. 5 (Paris: Masson, 1921).

6   William C. Summers, "The Strange History of Phage Therapy," *Bacteriophage* 2, no. 2 (2012): 130–33.

7   Donna H. Duckworth, "Who Discovered Bacteriophage?" *Bacteriological Reviews* 40, no. 4 (1976): 793.

8   Antony Twort, *In Focus, Out of Step: A Biography of Frederick William Twort F.R.S., 1877–1950* (Gloucestershire, UK: Sutton Pub. Ltd., 1993).

9   F. W. Twort, "An Investigation on the Nature of Ultra-Microscopic Viruses," *Lancet* 186, no. 4814 (December 1915): 1241–43.

10 Donna H. Duckworth, "Who Discovered Bacteriophage?," 793.

11 Paul Gordon Fildes, "Frederick William Twort, 1877–1950," obituary, *Royal Society* (1951): 505–17.

12 William C. Summers, "The Strange History of Phage Therapy," 130–33.

13 Félix d'Herelle, Reginald Hampstead Malone, and Mahendra Nath Lahiri, *Studies on Asiatic Cholera, Indian Medical Research Memoirs, no.* 14 (Calcutta: Pub. for the Indian Research Fund Association by Thacker, Spink & Co., 1930).

14 William C. Summers, "On the Origins of the Science in *Arrowsmith*: Paul de Kruif, Félix d'Hérelle, and Phage," *Journal of the History of Medicine and Allied Sciences* 46, no. 3 (1991): 315–32.

15 Ernst W. Caspari and Robert E. Marshak, "The Rise and Fall of Lysenko," *Science* 149, no. 3681 (1965): 275–78.

16 Richard Stone, "Stalin's Forgotten Cure," *Science* 298 (2002): 728–31.

17 Dmitriy Myelnikov, "An Alternative Cure: The Adoption and Survival of Bacteriophage Therapy in the USSR, 1922–1955," *Journal of the History of Medicine and Allied Sciences* 73, no. 4 (2018): 385–411.

18 Ibid.

19 Richard Stone, "Stalin's Forgotten Cure," 728–31.

第 9 章　磺胺和战争

1   Copy of the letter available at https://teslauniverse.com/nikola-tesla /letters/june-12th-1931-letter-waldemar-kaempffert-nikola-tesla.

2   Waldemar Kaempffert, "News of Dr. Paul Gelmo, Discoverer of Sulfanil-amide," *Journal of the History of Medicine and Allied Sciences* 5 (Spring 1950): 213–14.

3   William Rosen, *Miracle Cure: The Creation of Antibiotics and the Birth of Modern Medicine* (New York: Penguin, 2017), 70.

4   C. Jeśman, A. Młudzik, and M. Cybulska, "History of Antibiotics and Sulphonamides Discoveries," *Polski Merkuriusz Lekarski: Organ Polskiego Towarzystwa Lekarskiego* 30, no. 179 (2011): 320–32.

5   Matt McCarthy, *Superbugs: The Race to Stop an Epidemic* (New York: Avery /Penguin, 2019), 29–37.

6   Mark Wainwright and Jette E. Kristiansen, "On the 75th Anniversary of Prontosil," *Dyes and Pigments* 88, no. 3 (2011): 231–34.

7   Ibid.

8   William Rosen, *Miracle Cure*, 70.

9   M. Spring, "A Brief Survey of the History of the Antimicrobial Agents," *Bulletin of the New York Academy of Medicine* 51, no. 9 (1975): 101.

10 Carol Ballentine, "Taste of Raspberries, Taste of Death: The 1937 Elixir Sulfanilamide Incident," *FDA Consumer Magazine* 15, no. 5 (1981).

11 Ibid.

12 Paul M. Wax, "Elixirs, Diluents, and the Passage of the 1938 Federal Food, Drug and Cosmetic Act," *Annals of Internal Medicine* 122, no. 6 (1995): 456–61.

13 Muhammad H. Zaman, *Bitter Pills: The Global War on Counterfeit Drugs* (New York: Oxford University Press, 2018), 64–94.

14 Dr. Elliott Cutler's papers and letters are in the archives at the Countway Library of Medicine at Harvard University.

15 Arnold Lorentz Ahnfeldt, Robert S. Anderson, John Boyd Coates, Calvin H. Goddard, and William S. Mullins, *The Medical Department of the United States Army in World War II*, vol. 2 (Washington, DC: Office of the Surgeon General, Department of the Army, 1964), 67.

16 Ibid.

17 Ibid.

18 Dr. Elliott Cutler's papers and letters are in the archives at the Countway Library of Medicine at Harvard University.

第 10 章　霉菌汁

1   Nobel lecture by Dr. Fleming, December 11, 1945, available at https://www.nobelprize.org/uploads/2018/06/fleming-lecture.pdf.

2   Ibid.

3   Kevin Brown, *Penicillin Man: Alexander Fleming and the Antibiotic Revolution* (Cheltenham, UK: History Press, 2005).

4   Ronald Hare, *The Birth of Penicillin, and the Disarming of Microbes* (Crows Nest, Australia: George Allen and Unwin, 1970).

5   William Rosen, *Miracle Cure: The Creation of Antibiotics and the Birth of Modern Medicine* (New York: Penguin, 2017), 70.

6   Joan W. Bennett and King-Thom Chung, "Alexander Fleming and the Discovery of Penicillin," *Advances in Applied Microbiology* 49 (2001): 163–84.

7   Robert Bud, *Penicillin: Triumph and Tragedy* (Peterborough, UK: Oxford University Press on Demand, 2007), 23–32.

8   Joan W. Bennett and King-Thom Chung, "Alexander Fleming," 163–84.
9   William Rosen, *Miracle Cure*, 103–15.
10 Carol L. Moberg, "Penicillin's Forgotten Man: Norman Heatley; Although He's Been Overlooked, His Skills in Growing Penicillin Were a Key to Florey and Chain's Clinical Trials," *Science* 253, no. 5021 (1991): 734–36.
11 Ibid.
12 Ibid.
13 Robert Bud, *Penicillin*, 30–40.
14 William Rosen, *Miracle Cure*, 127.
15 Robert Bud, *Penicillin*, 32–33.
16 Eric Lax, *The Mold in Dr. Florey's Coat: The Story of the Penicillin Miracle* (New York: Macmillan, 2004): 170–73.
17 William Rosen, *Miracle Cure*, 133.
18 Eric Lax, *The Mold in Dr. Florey's Coat*, 204–23.
19 Ibid., 186.
20 Alfred N. Richards, "Production of Penicillin in the United States (1941–1946)," *Nature* 201, no. 4918 (1964): 441–45.
21 Eric Lax, *The Mold in Dr. Florey's Coat*, 185–89.
22 William Rosen, *Miracle Cure*, 138–41.
23 Ibid.

第 11 章　带着眼泪的药片

1   Letters to Dr. Ermolieva and other Soviet scientists, as part of the invitation to join expert committee on antibiotics, are available in the WHO archive.
2   Ibid.
3   For detailed biography of Z. Ermolieva, see S. Navashin, "Obituary: Prof. Zinaida Vissarionouna Ermolieva," *Journal of Antibiotics* 28, no. 5 (1975): 399; see also the work of Anna Eremeeva on the early life of Z. Ermolieva.
4   Stuart Mudd, "Recent Observations on Programs for Medicine and National Health in the USSR," *Proceedings of the American Philosophical Society* 91, no. 2 (1947): 181–88.
5   Ibid.
6   Anna Kuchment, "'They're Not a Panacea': Phage Therapy in the Soviet Union and Georgia," in *The Forgotten Cure* (New York: Springer, 2012), 53–62.
7   Dmitriy Myelnikov, "An Alternative Cure," 385–411.

第 12 章　一场新的大流行病

1   Robert Bud, *Penicillin: Triumph and Tragedy* (Peterborough, UK: Oxford University Press on Demand, 2007), 118–19.
2   Mary Barber, "Staphylococcal Infection Due to Penicillin-Resistant Strains," *British Medical Journal* 2, no. 4534 (1947): 863.
3   Ibid.
4   H. J. Bensted, "Central Public Health Laboratory, Colindale: New Laboratory Block," *Nature* 171, no. 4345 (1953): 248–49.
5   For details about the Public Health Laboratories, see UK National Archives on PHLS.

6   Ibid.

7   Kathryn Hillier, "Babies and Bacteria: Phage Typing, Bacteriologists, and the Birth of Infection Control," *Bulletin of the History of Medicine* 80, no. 4 (Winter 2006): 733–61.

8   Historical note of the University of Melbourne on Dr. Rountree, available at http://www.austehc.unimelb.edu.au/guides/roun/histnote.htm.

9   Ibid.

10 Kathryn Hillier, "Babies and Bacteria," 733–61.

11 Online museum of the University of Sydney, available at https://sydney .edu.au/medicine/museum/mwmuseum/index.php/Isbister,_Jean _Sinclair.

12 Kathryn Hillier, "Babies and Bacteria," 733–61.

13 Ibid.

14 Ibid.

15 For a discussion on post-penicillin antibiotics, particularly methicillin, see E. M. Tansey, ed. *Post Penicillin Antibiotics: From Acceptance to Resistance?* A Witness Seminar, Held at the Wellcome Institute for the History of Medicine, London, May 12, 1998 (London: Wellcome Trust, 2000).

16 Robert C. Moellering Jr., "MRSA: The First Half Century," *Journal of Antimicrobial Chemotherapy* 67, no. 1 (2011): 4–11.

17 Correspondence of Patricia Jevons in *British Medical Journal*, January 14, 1961, available at https://www.ncbi.nlm.nih.gov/pmc/articles/PMC1952878 /pdf/brmedj02876-0103.pdf.

18 BBC News report on World War II, available at https://www.bbc.co.uk/history /ww2peopleswar/stories/15/a2099315.shtml.

19 E. M. Tansey, ed., *Post Penicillin Antibiotics*.

20 Fred F. Barrett, Read F. McGehee Jr., and Maxwell Finland, "Methicillin-Resistant *Staphylococcus aureus* at Boston City Hospital: Bacteriologic and Epidemiologic Observations," *New England Journal of Medicine* 279, no. 9 (1968): 441–48.

第 13 章　争议与监管

1   Based on the author's interview with Dr. Ron Arky, February 14, 2019.

2   For biographical notes on Dr. Finland, see those available in the US National Academy of Sciences. See also Jerome O. Klein, Carol J. Baker, Fred Barrett, and James D. Cherry, "Maxwell Finland, 1902–1987: A Remembrance," *Pediatric Infectious Disease Journal* 21, no. 3 (2002): 181; Jerome O. Klein, "Maxwell Finland: A Remembrance," *Clinical Infectious Diseases* 34, no. 6 (March 2002): 725–29; as well as his obituaries published in various newspapers.

3   Arthur R. Reynolds, "Pneumonia: The New 'Captain of the Men of Death': Its Increasing Prevalence and the Necessity of Methods for Its Restriction," *Journal of the American Medical Association* 40, no. 9 (1903): 583–86.

4   Harry M. Marks, *The Progress of Experiment: Science and Therapeutic Reform in the United States, 1900-1990* (Cambridge: Cambridge University Press, 2000), 106–7.

5   The letters and minutes of various meetings where Finland and Waksman express their strong positions are available at the World Health Organization archives in Geneva.

6   Scott H. Podolsky, "To Finland and Back," *Harvard Medicine Magazine*, summer 2013.

7   For more details about the scandal see Richard E. McFadyen, "The FDA's Regulation and Control of Antibiotics in the 1950s: The Henry Welch Scandal, Félix Martí-Ibáñez, and Charles Pfizer & Co.," *Bulletin of the History of Medicine* 53, no. 2 (1979): 159–69.

8   Ibid.

9   Scott H. Podolsky, *The Antibiotic Era: Reform, Resistance, and the Pursuit of a Rational Therapeutics* (Baltimore: Johns Hopkins University Press, 2015).

第 14 章   抗生素的蜜月

1   Charles Drechsler, "Morphology of the Genus Actinomyces. I," *Botanical Gazette* 67, no. 1 (1919): 65–83.

2   Antonio H. Romano and Robert S. Safferman, "Studies on Actinomycetes and Their Odors," *Journal of the American Water Works Association* 55, no. 2 (1963): 169–76.

3   R. G. Benedict, "Antibiotics Produced by Actinomycetes," *Botanical Review* 19, no. 5 (1953): 229.

4   John Simmons, *Doctors and Discoveries: Lives That Created Today's Medicine* (New York: Houghton Mifflin Harcourt, 2002), 259.

5   Thomas M. Daniel, *Pioneers of Medicine and Their Impact on Tuberculosis* (Rochester, NY: University of Rochester Press, 2000), 180.

6   Peter Pringle, *Experiment Eleven: Dark Secrets Behind the Discovery of a Wonder Drug* (London: Bloomsbury Publishing, 2012), 27–60.

7   For a detailed account of the Schatz-Waksman affair, see Peter Pringle, *Experiment Eleven*.

8   William Rosen, *Miracle Cure: The Creation of Antibiotics and the Birth of Modern Medicine* (New York: Penguin, 2017), 203–6.

9   Ibid.

10 Wolfgang Minas, "Erythromycins," *Encyclopedia of Industrial Biotechnology: Bioprocess, Bioseparation, and Cell Technology* (2009): 1–14.

11 Johanna Son, "Who Really Discovered Erythromycin?," IPS News. November 9, 1994.

12 Obituary of Reverend Bouw, *Toledo Blade*, July 4, 2006.

13 D. J. McGraw, *The Antibiotic Discovery Era (1940–1960): Vancomycin as an Example of the Era*, PhD dissertation, 1974, Oregon State University, Corvallis, OR.

14 Donald P. Levine, "Vancomycin: A History," *Clinical Infectious Diseases* 42, no. S1 (2006): S5–S12.

15 Michael White, "Elizabeth Taylor, My Great-Grandpa, and the Future of Antibiotics," *Pacific Standard*, January 22, 2015.

16 E. M. Tansey, ed., *Post Penicillin Antibiotics: From Acceptance to Resistance?*, A Witness Seminar, held at the Wellcome Institute for the History of Medicine, London, May 12, 1998 (London: Wellcome Trust, 2000).

17　Kristine Krafts, Ernst Hempelmann, and Agnieszka Skórska-Stania, "From Methylene Blue to Chloroquine: A Brief Review of the Development of an Antimalarial Therapy," *Parasitology Research* 111, no. 1 (2012): 1–6.

18　D. J. Wallace, "The History of Antimalarials," *Lupus* 5, no. S1 (1996): S2–3.

19　Claude Mazuel, "Norfloxacin," in *Analytical Profiles of Drug Substances*, vol. 20 (Cambridge, MA: Academic Press, 1991), 557–600.

20　Hisashi Takahashi, Isao Hayakawa, and Takeshi Akimoto, "The History of the Development and Changes of Quinolone Antibacterial Agents," *Yakushigaku Zasshi* 38, no. 2 (2003): 161–79.

21　Vincent T. Andriole, "The Future of the Quinolones," *Drugs* 45, no. 3 (1993): 1–7.

22　Dan Prochi, "Bayer's $74M Pay-for-Delay Deal Approved in Calif.," Law360, November 18, 2013.

23　T. E. Daum, D. R. Schaberg, M. S. Terpenning, W. S. Sottile, and C. A. Kauffman, "Increasing Resistance of *Staphylococcus aureus* to Ciprofloxacin," *Antimicrobial Agents and Chemotherapy* 34, no. 9 (1990): 1862–63.

第 15 章　让细菌交配

1　Obituary of Dr. Joshua Lederberg, *Guardian*, February 11, 2008.

2　Stephen S. Morse, "Joshua Lederberg (1925–2008)," *Science* 319, no. 5868 (2008): 1351.

3　Miriam Barlow, "What Antimicrobial Resistance Has Taught Us About Horizontal Gene Transfer," in *Horizontal Gene Transfer* (Totowa, NJ: Humana Press, 2009), 397–411.

4　M. L. Morse, Esther M. Lederberg, and Joshua Lederberg, "Transduction in *Escherichia coli* K-12," *Genetics* 41, no. 1 (1956): 14.

5　Autobiographical notes and memoir of Professor Toshio Fukasawa shared with the author.

6　See Tsutomu Watanabe, "Infectious Drug Resistance in Enteric Bacteria," *New England Journal of Medicine* 275, no. 16 (1966): 888–94, and Tsutomu Watanabe, "Infective Heredity of Multiple Drug Resistance in Bacteria," *Bacteriological Reviews* 27, no. 1 (1963): 87.

第 16 章　遗传学与抗生素

1　For a detailed account of Lysenko's impact on Soviet genetics, see Peter Pringle, *The Murder of Nikolai Vavilov* (New York: Simon and Schuster, 2008). See also Simon Ings, *Stalin and the Scientists* (Boston: Atlantic Monthly Press, 2017), and Loren Graham, *Lysenko's Ghost* (Cambridge, MA: Harvard University Press, 2016).

2　Valery N. Soyfer, "New Light on the Lysenko Era," *Nature* 339, no. 6224 (1989): 415.

3　Yasha M. Gall and Mikhail B. Konashev, "The Discovery of Gramicidin S: The Intellectual Transformation of GF Gause from Biologist to Researcher of Antibiotics and on Its Meaning for the Fate of Russian Genetics," *History and Philosophy of the Life Sciences* (2001): 137–50.

4　For a biographical note on the life of Gause, see Nikolai N. Vorontsov and

Jakov M. Gall, "Georgyi Frantsevich Gause 1910–1986," *Nature* 323, no. 6084 (1986): 113; and J. M. Gall, *Georgi Franzevich Gause* (St. Petersburg: Nestor-Historia, 2012), in Russian.

5　Based on the author's interview with Gause's biographer, Yakov Gall, December 11, 2018.

6　Based on the author's interview with Dr. Wolfgang Witte, conducted in Berlin on June 25, 2018.

7　Mark C. Enright, D. Ashley Robinson, Gaynor Randle, Edward J. Feil, Hajo Grundmann, and Brian G. Spratt, "The Evolutionary History of Methicillin-Resistant *Staphylococcus aureus* (MRSA)," *Proceedings of the National Academy of Sciences* 99, no. 11 (2002): 7687–92.

8　Hartmut Berghoff and Uta Andrea Balbier, eds. *The East German Economy, 1945–2010: Falling Behind or Catching Up?* (Cambridge, UK: Cambridge University Press), 2013.

第 17 章　海军感染之谜

1　Based on the author's interviews with Dr. King K. Holmes, August 12, 2018, and September 26, 2019.

2　Peter J. Rimmer, "US Western Pacific Geostrategy: Subic Bay Before and After Withdrawal," *Marine Policy* 21, no. 4 (1997): 325–44.

3　Gerald R. Anderson, *Subic Bay from Magellan to Pinatubo: The History of the US Naval Station, Subic Bay* (Scotts Valley, CA: CreateSpace, 2009).

4　King K. Holmes, David W. Johnson, Thomas M. Floyd, and Paul A. Kvale, "Studies of Venereal Disease II: Observations on the Incidence, Etiology, and Treatment of the Postgonococcal Urethritis Syndrome," *Journal of the American Medical Association* 202, no. 6 (1967): 467–47.

5　King K. Holmes, David W. Johnson, and Thomas M. Floyd, "Studies of Venereal Disease I: Probenecid-Procaine Penicillin G Combination and Tetracycline Hydrochloride in the Treatment of Penicillin-Resistant Gonorrhea in Men," *Journal of the American Medical Association* 202, no. 6 (1967): 461–66.

6　Ibid.

7　Mari Rose Aplasca de los Reyes, Virginia Pato-Mesola, Jeffrey D. Klausner, Ricardo Manalastas, Teodora Wi, Carmelita U. Tuazon, Gina Dallabetta, et al., "A Randomized Trial of Ciprofloxacin Versus Cefixime for Treatment of Gonorrhea After Rapid Emergence of Gonococcal Ciprofloxacin Resistance in the Philippines," *Clinical Infectious Diseases* 32, no. 9 (2001): 1313–18.

第 18 章　从动物到人类

1　Hugh Pennington, "Our Ability to Cope with Food Poisoning Outbreaks Has Not Improved Much in 50 Years," The Conversation, May 6, 2014.

2　Ibid.

3　Jim Phillips, David F. Smith, H. Lesley Diack, T. Hugh Pennington, and Elizabeth M. Russell, *Food Poisoning, Policy and Politics: Corned Beef and Typhoid in Britain in the 1960s* (Woodbridge, UK: Boydell Press, 2005), xiv, 334.

4　Robert Bud, *Penicillin: Triumph and Tragedy* (Peterborough, UK: Oxford University Press on Demand, 2007), 176–77.

5　Ibid.

6　Ibid., 178–79.

7　Ibid., 180–81.

8　Ibid., 182–84.

9　Mary D. Barton, "Antibiotic Use in Animal Feed and Its Impact on Human Health," *Nutrition Research Reviews* 13, no. 2 (2000): 279–99.

10　Claas Kirchhelle, "Swann Song: Antibiotic Regulation in British Livestock Production (1953–2006)," *Bulletin of the History of Medicine* 92, no. 2 (2018): 317–50.

11　Leading among the scientists against any cuts to antibiotics was Thomas Jukes. After the Swann report in the UK, when the FDA started to look at farms in the United States and had made recommendations about curtailing antibiotics in farm animals, Jukes was outraged. In 1970, he wrote in *The New England Journal of Medicine* that "the use of antibiotics for farm animals does not present a hazard to public health," and in 1977 he called the entire debate on food additives bizarre. He had called FDA scientists quacks before in his writing as well. In the same *New England Journal of Medicine* he wrote, "The most injurious of all 'food additives' is the additional food that is eaten after caloric needs have been satisfied. Overconsumption of food leads to obesity, which is a far greater danger to health than any of the food additives whose safety is now being questioned." Jukes was an unrepentant supporter of using modern chemicals for human welfare. Jukes would use his activism and forceful voice not just for antibiotics but also to argue against the ban on DDT in the light of a growing environmental movement in California and elsewhere.

12　Stuart Levy died in 2019. For his obituary, see Harrison Smith, *Washington Post*, September 19, 2019, available at https://www.washingtonpost .com/local/obituaries/stuart-levy-microbiologist-who-sounded-alarm -on-antibiotic-resistance-dies-at-80/2019/09/19/4011ea96-dae9–11e9-a688 –303693fb4b0b_story.html.

13　Maryn McKenna, *Big Chicken: The Incredible Story of How Antibiotics Created Modern Agriculture and Changed the Way the World Eats* (Boone, IA: National Geographic Books, 2017), 110–18.

14　McDonald's announced in 2003 that it would "requir[e] its meat suppliers to stop using antibiotics important in human medicine to promote animal growth based on findings from APUA's FAAIR report as scientific evidence"; see https://apua.org/ourhistory.

第 19 章　挪威三文鱼的胜利

1　Based on the author's interview with Tore Midtvedt in his Oslo home, January 13, 2018.

2　MIC stands for minimum inhibitory concentration. To identify minimum inhibitory concentration (MIC)—the minimum amount of drug required to kill the bacteria—lab researchers have used tubes filled with antibiotics in varying concentrations, then added bacteria to them, a method that dates back to Fleming in the 1920s. Some improvements were made between the 1920s and 1950s, but largely the method has remained the same; the only difference is that instead of large test tubes, researchers now use small microplates and put them in incubators to create conditions where bacteria can grow. Some plates come already prepared; others require the researchers to use additives. Tens of different antibiotics, or different concentrations of antibiotics, can be used simultaneously. More recently there have been new, quantitative, and automated methods developed by various biotech companies.

3 Norway is the largest producer of salmon in the world. According to Food and Agriculture, Norway produces more than 1.233 million metric tons of salmon every year.

4 Decades later, the movie was made available again. It is now available at https://tv.nrk.no/serie/fisk-i-fangenskap/1988/FSFJ00000488.

5 Ingunn Sommerset, Bjørn Krossøy, Eirik Biering, and Petter Frost, "Vaccines for Fish in Aquaculture," *Expert Review of Vaccines* 4, no. 1 (2005): 89–101.

6 Information available on the website of the Norwegian Royal Family, https://www.kongehuset.no/nyhet.html?tid=165449&sek=26939.

第 20 章　偏远居民点的耐药菌

1 Based on the author's interview with Professor Warren Grubb, February 1, 2019, and on autobiographical notes Professor Grubb kindly shared with the author.

2 See papers by Dr. Gracey, including Michael Gracey and Malcolm King, "Indigenous Health Part 1: Determinants and Disease Patterns," *Lancet* 374, no. 9683 (2009): 65–75; and Malcolm King, Alexandra Smith, and Michael Gracey, "Indigenous Health Part 2: The Underlying Causes of the Health Gap," *Lancet* 374, no. 9683 (2009): 76–85.

3 Sheryl Persson, *The Royal Flying Doctor Service of Australia: Pioneering Commitment, Courage and Success*, readhowyouwant.com, 2010.

4 Keiko Okuma, Kozue Iwakawa, John D. Turnidge, Warren B. Grubb, Jan M. Bell, Frances G. O'Brien, Geoffrey W. Coombs et al., "Dissemination of New Methicillin-Resistant *Staphylococcus aureus* Clones in the Community," *Journal of Clinical Microbiology* 40, no. 11 (2002): 4289–94.

第 21 章　含杂质的药物

1 Muhammad H. Zaman, *Bitter Pills: The Global War on Counterfeit Drugs* (Oxford: Oxford University Press, 2018).

2 Dinar Kale and Steve Little, "From Imitation to Innovation: The Evolution of R&D Capabilities and Learning Processes in the Indian Pharmaceutical Industry," *Technology Analysis & Strategic Management* 19, no. 5 (2007): 589–609.

3 Ibid.

4 Stefan Ecks, "Global Pharmaceutical Markets and Corporate Citizenship: The Case of Novartis' Anti-Cancer Drug Glivec," *BioSocieties* 3, no. 2 (2008): 165–81.

5 Muhammad H. Zaman, *Bitter Pills*.

6 Fatime Sheikh, "A France We Must Visit," *Friday Times*, June 15, 2018.

7 J. I. Tribunal, Batch J-093, "The Pathology of Negligence: Report of the Judicial Inquiry Tribunal to Determine the Causes of Deaths of Patients of the Punjab Institute of Cardiology, Lahore in 2011–2012" (2012).

8　"Nothing Wrong with Tyno Cough Syrup, Victims Overdosed," *Express Tribune*, November 27, 2012.

9　Sachiko Ozawa, Daniel R. Evans, Sophia Bessias, Deson G. Haynie, Tatenda T. Yemeke, Sarah K. Laing, and James E. Herrington, "Prevalence and Estimated Economic Burden of Substandard and Falsified Medicines in Low-and Middle-Income Countries: A Systematic Review and Meta-Analysis," *JAMA Network Open* 1, no. 4 (2018): e181662.

10　Muhammad H. Zaman, *Bitter Pills*, 60–75.

11　P. Sensi, "History of the Development of Rifampin," *Reviews of Infectious Diseases* 5, no. S3 (1983): S402–6.

第 22 章　战争顽疾

1　Aoife Howard, Michael O'Donoghue, Audrey Feeney, and Roy D. Sleator, "*Acinetobacter baumannii*: An Emerging Opportunistic Pathogen," *Virulence* 3, no. 3 (2012): 243–50.

2　Lenie Dijkshoorn, Alexandr Nemec, and Harald Seifert, "An Increasing Threat in Hospitals: Multidrug-Resistant *Acinetobacter baumannii*," *Nature Reviews Microbiology* 5, no. 12 (2007): 939.

3　Centers for Disease Control and Prevention (CDC), "*Acinetobacter baumannii* Infections Among Patients at Military Medical Facilities Treating Injured US Service Members, 2002–2004," *Morbidity and Mortality Weekly Report* 53, no. 45 (2004): 1063.

4　Pew Trusts Reports, "The Threat of Multidrug-Resistant Infections to the U.S. Military," March 1, 2012.

5　Rachel Nugent, "Center for Global Development Report," June 14, 2010.

6　Z. T. Sahli, A. R. Bizri, and G. S. Abu-Sittah, "Microbiology and Risk Factors Associated with War-Related Wound Infections in the Middle East," *Epidemiology & Infection* 144, no. 13 (2016): 2848–57.

7　Based on the author's several interviews with Dr. Abu Sittah, between August and October 2018.

8　Based on the author's interview with Dr. Souha Kanj, September 25, 2018.

9　Omar Dewachi, *Ungovernable Life: Mandatory Medicine and Statecraft in Iraq* (Palo Alto, CA: Stanford University Press, 2017).

10　Based on the author's interview with Dr. Omar Dewachi, October 2018.

11　Omar Dewachi, *Ungovernable Life*.

12　Based on the author's interview with Dr. Vinh-Kim Nguyen, March 21, 2019.

13　Prashant K. Dhakephalkar and Balu A. Chopade, "High Levels of Multiple Metal Resistance and Its Correlation to Antibiotic Resistance in Environmental Isolates of Acinetobacter," *Biometals* 7, no. 1 (1994): 67–74.

第 23 章　使用权与用药过量

1　Based on the author's interviews with Dr. Ramanan Laxminarayan, July 16, 2018, and March 4, 2019.

2　Michael Bennett's book about his father, *My Father: An American Story of Courage, Shattered Dreams, and Enduring Love*, published in 2012, talks in detail about his father's medical ordeals.

3 Eili Klein, David L. Smith, and Ramanan Laxminarayan, "Hospitaliza-
tions and Deaths Caused by Methicillin-Resistant *Staphylococcus aureus*,
United States, 1999–2005," *Emerging Infectious Diseases* 13, no. 12 (2007):
1840.

4 Ramanan Laxminarayan, Precious Matsoso, Suraj Pant, Charles Brower,
John-Arne Røttingen, Keith Klugman, and Sally Davies, "Access to Effec-
tive Antimicrobials: A Worldwide Challenge," *Lancet* 387, no. 10014 (2016):
168–75.

5 Pamela Das and Richard Horton, "Antibiotics: Achieving the Balance Be-
tween Access and Excess," *Lancet* 387, no. 10014 (2016): 102–4.

6 Ganesan Gowrisankar, Ramachandran Chelliah, Sudha Rani Ramakrish-
nan, Vetrimurugan Elumalai, Saravanan Dhanamadhavan, Karthikeyan
Brindha, Usha Antony et al., "Chemical, Microbial and Antibiotic Suscep-
tibility Analyses of Groundwater After a Major Flood Event in Chennai,"
Scientific Data 4 (2017): 170135.

第 24 章 排泄物中的线索

1 Based on the author's interview with Dr. Frank Møller Aarestrup, April
2, 2019.

2 Thomas Nordahl Petersen, Simon Rasmussen, Henrik Hasman, Christian
Carøe, Jacob Bælum, Anna Charlotte Schultz, Lasse Bergmark et al., "Meta-
Genomic Analysis of Toilet Waste from Long Distance Flights; a Step To-
wards Global Surveillance of Infectious Diseases and Antimicrobial Resis-
tance," *Scientific Reports* 5 (2015): 11444.

3 Ibid.

4 For more information about the project, see https://www.compare-europe
.eu/Library/Global-Sewage-Surveillance-Project.

5 Rene S. Hendriksen, Patrick Munk, Patrick Njage, Bram Van Bunnik, Luke
McNally, Oksana Lukjancenko, Timo Röder et al., "Global Monitoring of
Antimicrobial Resistance Based on Metagenomics Analyses of Urban Sew-
age," *Nature Communications* 10, no. 1 (2019): 1124.

第 25 章 广泛耐药性伤寒

1 Based on the author's interview with Dr. Rumina Hasan, April 24, 2018.

2 Jeffrey D. Stanaway, Robert C. Reiner, Brigette F. Blacker, Ellen M. Gold-
berg, Ibrahim A. Khalil, Christopher E. Troeger, Jason R. Andrews et al.,
"The Global Burden of Typhoid and Paratyphoid Fevers: A Systematic
Analysis for the Global Burden of Disease Study 2017," *Lancet Infectious
Diseases* 19, no. 4 (2019): 369–81.

3 Zoe A. Dyson, Elizabeth J. Klemm, Sophie Palmer, and Gordon Dougan,
"Antibiotic Resistance and Typhoid," *Clinical Infectious Diseases* 68, no. S2
(2019): S165–70.

4 Elizabeth J. Klemm, Sadia Shakoor, Andrew J. Page, Farah Naz Qamar, Kim
Judge, Dania K. Saeed, Vanessa K. Wong et al., "Emergence of an Exten-
sively Drug-Resistant *Salmonella enterica* Serovar Typhi Clone Harboring
a Promiscuous Plasmid Encoding Resistance to Fluoroquinolones and
Third-Generation Cephalosporins." *MBio* 9, no. 1 (2018): e00105–18.

5　The news came out in *New York Times, Science, Washington Post, Telegraph,* and the *Economist,* to name a few.

6　World Health Organization, "Typhoid Fever—Islamic Republic of Pakistan," December 27, 2018, https://www.who.int/csr/don/27-december-2018-typhoid -pakistan/en/.

第 26 章　太多还是太少?

1　Jeremy D. Keenan, Robin L. Bailey, Sheila K. West, Ahmed M. Arzika, John Hart, Jerusha Weaver, Khumbo Kalua et al., "Azithromycin to Reduce Childhood Mortality in Sub-Saharan Africa," *New England Journal of Medicine* 378, no. 17 (2018): 1583–92.

2　Donald J. McNeil, "Infant Deaths Fall Sharply in Africa with Routine Antibiotics," *New York Times,* April 25, 2018.

3　Susan Brink, "Giving Antibiotics to Healthy Kids in Poor Countries: Good Idea or Bad Idea?," NPR, April 25, 2018.

4　Based on the author's interview with Dr. Thomas Lietman, September 5, 2018.

5　Shannen K. Allen and Richard D. Semba, "The Trachoma 'Menace' in the United States, 1897–1960," *Survey of Ophthalmology* 47, no. 5 (2002): 500–509.

6　Julius Schachter, Shila K. West, David Mabey, Chandler R. Dawson, Linda Bobo, Robin Bailey, Susan Vitale et al., "Azithromycin in Control of Trachoma," *Lancet* 354, no. 9179 (1999): 630–35.

7　Travis C. Porco, Teshome Gebre, Berhan Ayele, Jenafir House, Jeremy Keenan, Zhaoxia Zhou, Kevin Cyrus Hong et al., "Effect of Mass Distribution of Azithromycin for Trachoma Control on Overall Mortality in Ethiopian Children: A Randomized Trial," *Journal of the American Medical Association* 302, no. 9 (2009): 962–68.

8　Donald J. McNeil, "Infant Deaths Fall Sharply in Africa with Routine Antibiotics."

第 27 章　无须签证的威胁

1　Based on the author's interview with Dr. Tanvir Rahman, February 2, 2019.

2　Ishan Tharoor, "The Story of One of Cold War's Greatest Unsolved Mysteries," *Washington Post,* December 30, 2014.

3　Based on the author's interview with Otto Cars, April 25, 2019.

4　For more information, see https://www.reactgroup.org.

5　Sigvard Mölstad, Mats Erntell, Håkan Hanberger, Eva Melander, Christer Norman, Gunilla Skoog, C. Stålsby Lundborg, Anders Söderström et al., "Sustained Reduction of Antibiotic Use and Low Bacterial Resistance: 10-Year Follow-up of the Swedish Strama Programme," *Lancet Infectious Diseases* 8, no. 2 (2008): 125–32.

第 28 章　干涸的生产线

1　Michael Erman, "Allergan to Sell Women's Health, Infectious Disease Units," Reuters, May 30, 2018.

2　Sean Farrell, "AstraZeneca to Sell Antibiotics Branch to Pfizer," *Guardian,* August 24, 2016.

3 Pew Charitable Trusts, "A Scientific Roadmap for Antibiotic Discovery," June 2016.
4 Muhammad H. Zaman and Katie Clifford, "The Dry Pipeline: Overcoming Challenges in Antibiotics Discovery and Availability," *Aspen Health Strategy Group Papers*, 2019.
5 Ibid.
6 Ibid.
7 Asher Mullard, "Achaogen Bankruptcy Highlights Antibacterial Development Woes," *Nature Review Drug Discovery* (2019): 411.

第 29 章　新瓶卖旧酒

1 "How South Africa, the Nation Hardest Hit by HIV, Plans to 'End AIDS,'" *PBS NewsHour*, July 22, 2016.
2 For details on challenges associated with HIV drug access, see Michael Merson and Stephen Inrig, *The AIDS Pandemic: Searching for a Global Response* (New York: Springer, 2018).
3 Mandisa Mbali, "The Treatment Action Campaign and the History of Rights-Based, Patient-Driven HIV/AIDS Activism in South Africa," *Democratising Development: The Politics of Socio-economic Rights in South Africa* (2005): 213–43.
4 Muhammad Hamid Zaman and Tarun Khanna, "Cost of Quality at Cipla Ltd., 1935–2016," *Business History Review* (2019).
5 Ibid.
6 Mandisa Mbali, "The Treatment Action Campaign and the History of Rights-Based, Patient-Driven HIV/AIDS Activism in South Africa," 213–43.
7 Kevin Outterson, "Pharmaceutical Arbitrage: Balancing Access and Innovation in International Prescription Drug Markets," *Yale Journal of Health Policy, Law, and Ethics* 5 (2005): 193.
8 Ibid.
9 Based on the author's interview with Dr. Kevin Outterson, June 12, 2018.
10 President Obama's executive order was issued on September 14, 2018, available at https://obamawhitehouse.archives.gov/the-press-office/2014/09/18/executive-order-combating-antibiotic-resistant-bacteria.
11 Based on the author's interview with Dr. Tony Fauci, January 4, 2018.
12 William Rosen, *Miracle Cure: The Creation of Antibiotics and the Birth of Modern Medicine* (New York: Penguin, 2017), 122.
13 Helen Branswell, "With Billions in the Bank, a 'Visionary' Doctor Tries to Change the World," Stat News, May 6, 2016.
14 For more information about CARB-X, see https://carb-x.org.

第 30 章　这个想法 300 岁了

1 M. Diane Burton and Tom Nicholas, "Prizes, Patents and the Search for Longitude," *Explorations in Economic History* 64 (2017): 21–36.
2 Ibid.

第 31 章　一勺糖的奇迹

1 Ian Tucker, *Guardian*, May 21, 2011.
2 Based on the author's interview with Dr. James Collins, May 3, 2019.

3   Kyle R. Allison, Mark P. Brynildsen, and James J. Collins, "Metabolite-Enabled Eradication of Bacterial Persisters by Aminoglycosides," *Nature* 473, no. 7346 (2011): 216.

第 32 章　倒拨演化时钟

1   Based on the author's interview with Dr. Houra Merrikh, February 14, 2019.
2   Jeffrey Roberts and Joo-Seop Park, "Mfd, the Bacterial Transcription Repair Coupling Factor: Translocation, Repair and Termination," *Current Opinion in Microbiology* 7, no. 2 (2004): 120–25.
3   Samuel Million-Weaver, Ariana N. Samadpour, Daniela A. Moreno-Habel, Patrick Nugent, Mitchell J. Brittnacher, Eli Weiss, Hillary S. Hayden, Samuel I. Miller, Ivan Liachko, and Houra Merrikh, "An Underlying Mechanism for the Increased Mutagenesis of Lagging-Strand Genes in *Bacillus subtilis*," *Proceedings of the National Academy of Sciences* 112, no. 10 (2015): E1096–105.
4   Mark N. Ragheb, Maureen K. Thomason, Chris Hsu, Patrick Nugent, John Gage, Ariana N. Samadpour, Ankunda Kariisa et al., "Inhibiting the Evolution of Antibiotic Resistance," *Molecular Cell* 73, no. 1 (2019): 157–65.

第 33 章　安全还是医疗服务？

1   Dr. Joanne Liu's speech to Barnard College, where she describes her background and upbringing, is available at https://barnard.edu/commencement/archives/commencement-2017/joanne-liu-remarks-delivered.
2   Based on the author's interview with Dr. Liu, August 10, 2018.

第 34 章　同一个世界，同一种健康

1   Based on the author's interview with Dr. Steve Osofsky, April 19, 2019.
2   Based on the author's interview with Dr. William Karesh, April 22, 2019.
3   Conference agenda available at http://www.oneworldonehealth.org/sept2004/owoh_sept04.html.
4   Yi-Yun Liu, Yang Wang, Timothy R. Walsh, Ling-Xian Yi, Rong Zhang, James Spencer, Yohei Doi et al., "Emergence of Plasmid-Mediated Colistin Resistance Mechanism MCR-1 in Animals and Human Beings in China: A Microbiological and Molecular BiologicalStudy," *Lancet Infectious Diseases* 16, no. 2 (2016): 161–68.

第 35 章　银行家、医生和外交官

1   Based on the author's interview with Dame Sally Davies, September 21, 2018. Additional biographical information available at https://www.whatisbiotechnology.org/index.php/people/summary/Davies.
2   Multiple British newspapers reported the interview on July 1, 2014. For example, see the report by the *Telegraph*, https://www.telegraph.co.uk/news/health/10939664/Superbugs-could-cast-the-world-back-into-the-dark-ages-David-Cameron-says.html.
3   Based on the author's interview with Lord Jim O'Neill, March 1, 2019.
4   Jim O'Neill, "Building Better Global Economic BRICs" (November 2001).
5   Final report of the O'Neill commission, along with other materials and infographics, are available at https://amr-review.org/Publications.html.

6   For details, see amr-review.org.

7   Marlieke E. A. de Kraker, Andrew J. Stewardson, and Stephan Harbarth, "Will 10 Million People Die a Year Due to Antimicrobial Resistance by 2050?," *PLoS Medicine* 13, no. 11 (2016): e1002184.

结 语

1   Marc Lipsitch and George R. Siber, "How Can Vaccines Contribute to Solving the Antimicrobial Resistance Problem?," *MBio* 7, no. 3 (2016): e00428–16.

2   Sara Reardon, "Phage Therapy Gets Revitalized," *Nature News* 510, no. 7503 (2014): 15.

3   Matthew J. Renwick, David M. Brogan, and Elias Mossialos, "A Systematic Review and Critical Assessment of Incentive Strategies for Discovery and Development of Novel Antibiotics," *Journal of Antibiotics* 69, no. 2 (2016): 73.

4   More information available at https://www.pewtrusts.org/en/projects /antibiotic-resistance-project.

5   See https://www.thebureauinvestigates.com/projects/superbugs.